JN328832

くらべてわかる
淡水魚

文—**斉藤憲治**　写真—**内山りゅう**

山と溪谷社

はじめに

地球は水の惑星です。地表の2/3は海で覆われています。この本がテーマにする淡水魚がすむ、川や湖などの淡水域はどうでしょうか。その面積は、すべて足し合わせても海の1/100ぐらいにしかなりません。水量となるともっと大きな開きがあって、海の水の1/2,600ほどしかありません。ところが、そのせまい淡水域には、世界中の海にすむ硬骨魚の種の合計（15,520種）に近い数の種がいます（世界全体で11,952種）。水の量あたりの種の数は海のおよそ2,000倍にもなります。淡水魚は山や海をこえてすみ場所を広げることができないので、川や湖ごとに別々の種へと進化していきます。その結果が、せまい水域にこれほどの種の淡水魚がいることにつながっているのです。水域がせまいわりに多くの種がいるということが、淡水魚を私たちにとって身近なものにしています。川や湖などでは、簡単な道具や仕かけがあれば、さまざまな魚にであうことができます。それにくらべれば大海原へ魚を獲りに行くことは簡単ではありません。日本には、一生涯を淡水ですごす純淡水魚が120種ぐらいいます。このほか、海と淡水域とを往き来する回遊魚が70種ぐらいいます。そして、ふだんは海にいるが、ときどき川の下流域に入ってくる、周縁性淡水魚とよばれるものが100種ぐらいいます。この本ではこれらのうち、身近な川や湖などでよく見かける種を中心に、約120種について、内山りゅうさんが撮影した美しい写真をもとに、その特徴や見分けかたなどを解説します。

目次

【巻頭】環境を知る 5

【図鑑編】 17
ヤツメウナギの仲間 18
ウナギの仲間 20
コイ／フナの仲間 22
タナゴの仲間 26
    アブラボテ属 27
    バラタナゴ属 28
    タナゴ属 29
オイカワの仲間 38
ワタカ 42
ソウギョ・ハクレンの仲間 44
モロコの仲間 46
ニゴイの仲間 50
ヒガイの仲間／ムギツク 52
カマツカの仲間 54
ウグイの仲間 58
アブラハヤの仲間 60
ドジョウの仲間 62
    ドジョウ／カラドジョウ 63
    シマドジョウ類／ヤマトシマドジョウ 64
    スジシマドジョウ類 66
    ホトケドジョウの仲間／フクドジョウ 68
ギギの仲間 74
ナマズの仲間 78
キュウリウオの仲間 80
サケ・マスの仲間 ① 82
サケ・マスの仲間 ② 86
ドンコの仲間 88
ヨシノボリの仲間 90
チチブ・マハゼの仲間 96
ウキゴリの仲間 98
ジュズカケハゼの仲間／ボウズハゼ 100
カジカの仲間 102
タイワンドジョウの仲間 104
メダカの仲間／カダヤシ 106
ボラの仲間 108
トゲウオの仲間 110
スズキの仲間 112

【情報編】 117
採集の基本 118
持ち帰りかたの基本 120
飼育の基本 121
掲載した淡水魚の分類（系統樹） 123
特定外来生物とその防除 124

索引 126

【コラム】
ヤツメウナギはウナギではない 19
染色体の倍加による進化 23
背ビレの条の数え方 23
フナの分類 コップの中の嵐か？ 25
タナゴ類は貝と共生している？ 30
タナゴ類の人工繁殖 32
分子系統解析により見えてきた
東アジアで多様化し繁栄したグループ 43
中国における四大家魚の混合養殖 44
砂にもぐるカマツカ 55
ドジョウ類（ドジョウ属とシマドジョウ属）の
尾ビレ付近の斑紋 65
シマドジョウ属の見分けかた 65
アユ釣り 81
クニマス (*Oncorhynchus kawamurae*) 87
ハゼ型の底生魚を大まかに見分ける 89
ブラックバスやブルーギルを
釣ることは違法？ 113

3

本書の使いかた

【標本ページ】魚の生の標本と、見分けるポイントを示してあります。　　【生態ページ】泳いでいるときの写真と、分布や生態の解説を示してあります。

コンセプト
この図鑑は、川や湖に行くとよく見かける淡水魚を、パッと見分けるにはどうしたらいいか、というところからスタートしました。専門家が魚類の種を見分けるときには、魚体の測定をしたり、ウロコやヒレの条（「傘の骨」にあたるカルシウムでできた硬いスジ）を数えたり、場合によっては解剖したりもします。しかしそれは専門家でもない人には荷が重いでしょう。そのような、専門家が手がかりにするような特徴については解説を最小限にしています。

写真を見くらべる
そのかわり、白をバックに魚体の写真をならべて、直感的に見くらべることができるようになっています。必要に応じて、背中の写真や、稚魚の写真などもならんでいます。写真の横に、よく似た種の見分けかたを短くまとめて示しました。各標本ごとに表示した大きさは、撮影した標本のサイズを示しています。

生態の写真と解説
種を見分けるための、白をバックにした写真のうしろのページに、水槽や野外で、実際に泳いでいる写真が載っています。そこに分布や生態など、その種についての基本的な解説をつけました。泳いでいるところの写真は、種を見分けるときの参考になることがあります。魚体の専門的な測定値よりもむしろ、泳いでいるときの色合い、姿勢、ヒレの張りかたなどに、その種の特徴が出ることがあるからです。

まず大まかに分ける
写真と実物を見くらべて、解説を読んでも、初めて見る魚の特徴を自分なりに整理することは難しいものです。タナゴ類など、よく似た種が目白押し、というようなグループもあります。はじめから種や亜種まできちんと見分けられなくても、大まかにグループとして見分けておくだけでもよいでしょう。

掲載順
魚類の種の掲載順は、おおむね魚類の分類に沿っています。巻末にある系統樹で、古い時代に分かれたものから新しい時代に分かれたものへ、という順番です。ただし、かたちが一見似ているものについては、系統や分類をあえて無視して隣り合わせに持ってきているものもあります。

さらに詳しく知るために
学名については、新しい研究動向を取り入れつつ、原則として中坊徹次 編『日本産魚類検索 第3版』（東海大学出版会）に準拠しています。一部の種やグループについては、星形のマークで始まるコラムを載せました。理解の助けにしてください。また、各種の解説のうしろに、魚の獲りかた、持ち帰りかた、飼いかたの簡単な説明をつけました。この図鑑では、300種以上いる日本の淡水魚のうちの、ふつうに見られる約120種についてだけ、扱っています。珍しい種や、離島の川に海から入ってくる種については省略しました。また、専門的な識別形質の解説もほとんどしませんでした。専門用語もあまり使っていません。魚のこと、淡水魚のことをよく勉強されている読者にとっては、まどろっこしいかもしれません。写真と見くらべて直感的に見分けただけでは、正確ではないかもしれません（見分けた結果が正しいことを私は願ってはいますが）。この図鑑に載っていない種を見分けたり、さらに正確を心がけて分類をしようという読者には、専門書をおすすめします。この図鑑は卒業です。

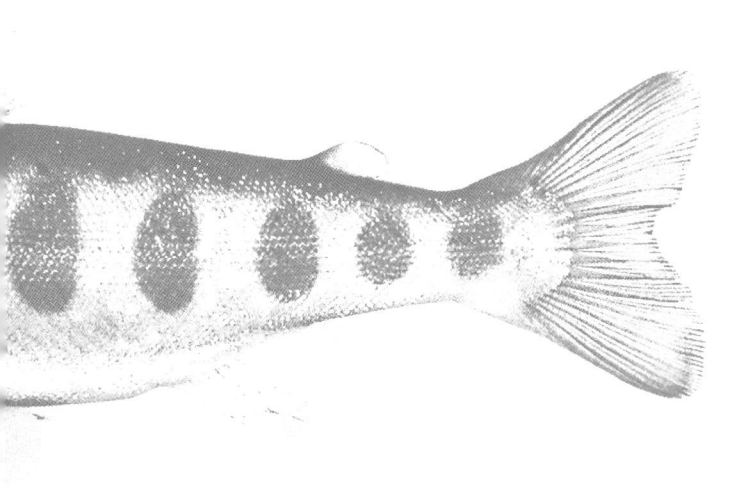

環境を知る

川の上流から下流にかけて、環境は次第に変化します。
そこにすむ淡水魚の種類も環境の変化に応じて少しずつ変わっていきます。
湖や田んぼや水路にもそれぞれ、その環境に適した種類の淡水魚がすんでいます。

【環境を知る】
源流・上流

川の源流。流れが階段状になっているのが特徴。
水は冷たく、透きとおっている。
本州中部以北なら、イワナ類がいることが多い。

川の上流。源流から少し下がって開けてきた。
上の淵から下にざらざらと流れ込む。
ヤマメまたはアマゴの釣り場になっていることが多い。
アユやウグイなどもいる。

淵の中。

【環境を知る】
中流

中流域の流れ。

川の中流。手前から奥へと流れている。
手前の淵から奥の竹やぶの前にある
淵に向かって、瀬になっている。
写真は桜の季節。
下流からアユがさかのぼってくるころだ。
アユのほか、ウグイ、オイカワ、カマツカなど、
上流にくらべて川の中がにぎやかになってくる。

石積み護岸の岸辺に
オイカワの稚魚が群れている。

【環境を知る】
下流・河口

河口。日本は山がちで平野がせまいため、
この川のように中流域のまま海へ注ぐこともよくある。
このような川では淡水と海水が混じりあう汽水域もほとんど発達しない

下流域。瀬と淵の区別がなくなり、
ゆるやかな流れがつづく。
中州やワンドができる。

下流域。大雨が降った後で増水し
複雑な流れができている。

【環境を知る】
湖沼

霞ヶ浦。土砂が堆積して海が取り囲まれてできた浅い湖。
今はにごっているが、かつては底が見えるほど透きとおっていたという。

琵琶湖。竹生島を望む。その歴史は350万年以上前にまでさかのぼる。
現在の琵琶湖のように深くなったのは比較的新しい時代のこと。
琵琶湖で進化し、琵琶湖にだけいる固有種をはぐくむ。

湖岸のヨシ原が増水により冠水している。
さまざまな淡水魚が産卵にやってくる。
コイやナマズなど、大きな魚はばしゃばしゃと水音をたてる。
タモロコなどは途切れることのないさざ波のような音をたてる。

平地の水田とそのわきにある水路。
フナ類、タナゴ類、ドジョウなどのすみ場所となる。
川の本流や広い水路に流れ込むところでは、
田植え直後に本流や広い水路からさまざまな淡水魚が産卵にやってくる。
その後、稚魚が育つので、夏の間はにぎやかである。

ため池。多くは谷戸（丘陵の谷筋）の突きあたりをせき止めて造られたもの。
谷津田（谷戸にある水田）と水路に水を供給している。
フナ類、タナゴ類、タモロコ、モツゴなどのすみ場所。

農業水路。干拓地のような、傾斜のほとんどない場所。
流れがなく、ヒシが育っている。
フナ類、タナゴ類、カワバタモロコ（西日本）、タモロコ、モツゴ、
ドジョウ、メダカ類のすみ場所となる。
近ごろではオオクチバスなど外来魚ばかりになっているところが多くなった。
イネには穂が出ているので、もうすぐ田の水を落として水路の水位も下がることだろう。
そうなると、せまい範囲にたくさんの魚がひしめきあって、獲りやすくなる。

【環境を知る】
田んぼと水路

春の小川。
護岸は伝統的な石積み。
いろいろな淡水魚がすんでいそうだ。

谷戸を流れる小川。
春、田植え準備のための
田起こしのころ。
スナヤツメ類、シマドジョウ類などの
すみ場所となる。

図鑑編

淡水魚の見分けかたと、分布や生態についての解説です。
生態については、すみ場所、食性、繁殖生態に重点をおきました。
世界の中でのその種の位置づけがわかるように、
国外での分布について、わかる範囲で必ず掲載しました。

ヤツメウナギの仲間

ウナギ型の体形だがウナギとは遠い関係にある

本物の目のうしろにエラ穴が7対ある。口は吸盤状またはろうと状で、開閉できるあごがない。胸ビレと腹ビレもない。生態は多様で、一生を川ですごすもの、海と川を行き来するもの（いずれも淡水域で産卵する）、成体になると他の魚類に寄生（吸血）するもの、しないものがいる。

ヤツメウナギ科

カワヤツメ *Lethenteron japonicum*

ヤツメウナギ科 カワヤツメ属
全長50cm

ヒレに暗色のシミ

成魚（39.5cm）

▲カワヤツメ成魚の口。吸盤状で歯がはえている

アンモシーテス幼生の時期には目が発達していない

ヒレに暗色のシミ

アンモシーテス幼生（12.0cm）

スナヤツメ類（北方種および南方種） *Lethenteron* spp.

ヤツメウナギ科 カワヤツメ属
全長20cm

ヒレに暗色のシミがない

成魚（14.2cm）

▲スナヤツメ類成魚の口。吸盤状で歯がはえている

アンモシーテス幼生の時期には目が発達していない

ヒレに暗色のシミがない

アンモシーテス幼生（10.2cm）

ヤツメウナギの仲間

カワヤツメ
ヤツメウナギ科 カワヤツメ属
Lethenteron japonicum

【分布】島根県と茨城県以北。国外ではユーラシア大陸、北極海および北太平洋沿岸と河川。
【生態】初夏に生まれたアンモシーテス幼生は底泥中の有機物を食べて育つ。変態後降海し、サケやマダラなどに吸い付き寄生（吸血）して数年間かけて成長する。成魚は河川に遡上して中流域で産卵する。
【その他】食用にされることがある。ヤマメやイワナのような、降海しないで小型で成熟する河川残留型がいる。スナヤツメ北方種とは形態で容易に見分けられるが、遺伝的に近い関係にある。対してスナヤツメ南方種はカワヤツメとスナヤツメ北方種のグループから遺伝的にかけ離れている。

◀ ビタミンAが豊富に含まれ、栄養価が高いとされる

スナヤツメ類（北方種および南方種）
ヤツメウナギ科 カワヤツメ属
Lethenteron spp.

【分布】北方種は本州中部以北と北海道に、南方種は青森と岩手県北部を除く本州、四国、九州、朝鮮半島南部に分布。
【生態】冷涼で流れのゆるやかな砂混じりの泥底にすむ。一生涯のほとんどをアンモシーテス幼生期としてすごす。底泥中にもぐったまますごし、有機物をこしとって食べる。本州では3～5月に繁殖。繁殖に先立ち成体へと変態する。砂底の浅瀬で雄が雌の体に巻き付き、雌は卵をばらまく。成体は寄生（吸血）せず、繁殖後死亡する。
【その他】形態ではほとんど区別できない2種（北方種と南方種）がいる。ここでは一括して扱う。

◀ 各地で減少が著しく、見かける機会が減っている

✳ ヤツメウナギはウナギではない

ウナギと名がついてはいるが、ヤツメウナギはウナギとは、たとえていえばヒトとウナギよりも遠い関係にある。ヤツメウナギは、口が吸盤状であごを持たず、無顎類とよばれる。無顎類は古生代カンブリア紀に出現した最初の脊椎動物。ヤツメウナギは7対のエラ穴を持ち、本物の目と合わせて「八つ目」の語源となる。対して、ウナギを含め魚類は一般に、上下に開閉するあごを持ち（顎口類という）、エラ穴は硬骨魚では1対。顎口類のあごは、無顎類の3番目のエラを支える骨が弓状になり真ん中で折れ曲がるように進化してできた。4番目が舌の骨に、それ以降の4対のエラは硬骨魚でもエラである。硬骨魚のエラ穴が1対になったのは、エラぶたがエラとして残った4対全体を覆うようになったため。

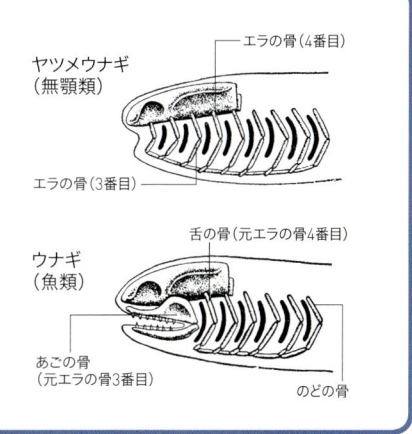

ヤツメウナギ（無顎類）
- エラの骨（4番目）
- エラの骨（3番目）

ウナギ（魚類）
- 舌の骨（元エラの骨4番目）
- あごの骨（元エラの骨3番目）
- のどの骨

図出典：A.S.ローマー＆T.S.パーソンズ／平光厲司訳『脊椎動物のからだ〈その比較解剖学〉』（法政大学出版局、1983年）

ウナギの仲間

ウナギ科

釣り、漁業、食用としてもおなじみの魚

ヤツメウナギ類とはちがって立派なあごを持ち、胸ビレもある。しかし他の魚とはちがって腹ビレを持たない。日本にはおもにニホンウナギとオオウナギの2種が分布。近縁種を含めて世界の熱帯から温帯にかけて19種が知られる。淡水域で育ち、海に下りて産卵する降河回遊魚。かば焼きなどでおなじみ。

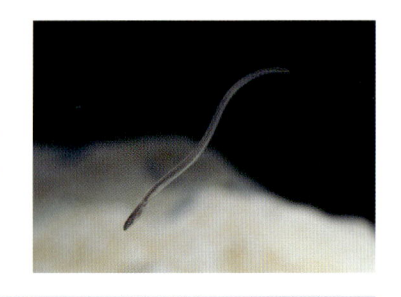

ニホンウナギ *Anguilla japonica*

ウナギ科 ウナギ属
全長80cm

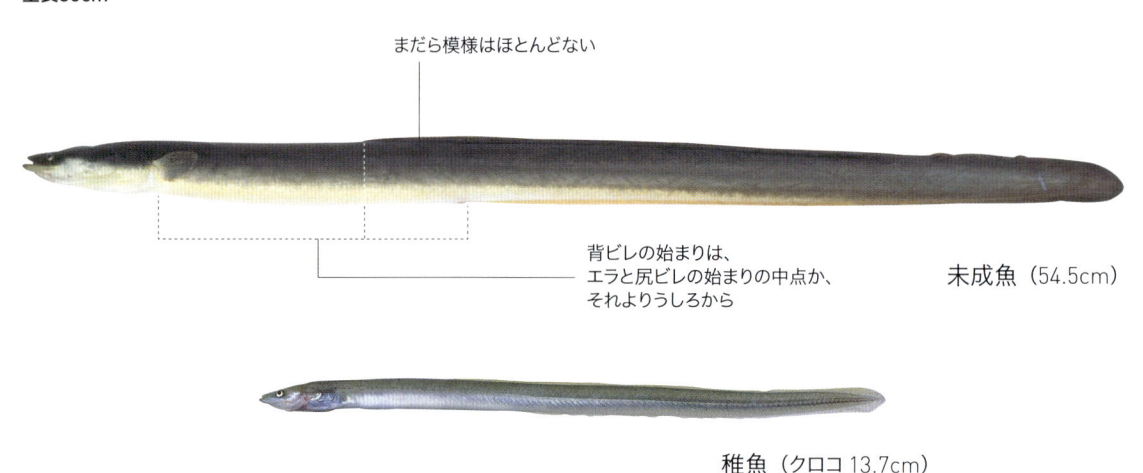

まだら模様はほとんどない

背ビレの始まりは、エラと尻ビレの始まりの中点か、それよりうしろから

未成魚（54.5cm）

稚魚（クロコ 13.7cm）

オオウナギ *Anguilla marmorata*

ウナギ科 ウナギ属
全長220cm

背と側面にまだら模様

背ビレの始まりは、エラと尻ビレの始まりの中点より前から

未成魚（44.5cm）

稚魚（クロコ 13.0cm）

ウナギの仲間

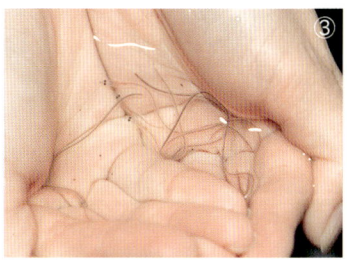

① 川で獲れる天然個体は腹が黄色いことが多い
② 石の間から顔を出す小型個体
③ 全身透明のシラスウナギ

ニホンウナギ　ウナギ科　ウナギ属　*Anguilla japonica*

【分布】本州以南、韓国、中国中南部、台湾。
【生態】初冬から初夏にかけてシラスウナギが接岸し、河川に遡上する。または河口付近にとどまる個体もいる。未成魚の小型個体は礫底や、大型個体は川岸にある石垣のすき間などに潜む。エビやカニなどの小動物を喰う。数年間成長したあと、秋に降河し、マリアナ近海の産卵場に向かう。ふ化後数ヶ月間、レプトセファルス幼生として海洋生活期をすごす。
【その他】かば焼きなど食用として人気がある。シラスウナギを捕獲して育てる養鰻業が盛ん。長期にわたる漁獲統計から、生息数が激減したとみられる。2013年に環境省は絶滅危惧IB類に指定した。

① まだら模様が目立ち、ニホンウナギにくらべて太短い
② 20cmほどまでは、まだら模様が目立たない
③ 若い個体は昼間でも活動することが多いようだ

オオウナギ　ウナギ科　ウナギ属　*Anguilla marmorata*

【分布】利根川と長崎県以南の本州、四国、九州、南西諸島など。国外では太平洋とインド洋沿岸の熱帯～亜熱帯に広く分布。
【生態】ニホンウナギより亜熱帯～熱帯の水域を好む。本州では暖流が直接当たる地域に多い。奄美大島以南ではニホンウナギよりも多い。河川の中流域の物陰に潜む。小魚や甲殻類などを喰う。ニホンウナギと同じくマリアナ近海で産卵するほか、太平洋とインド洋に複数の産卵場所があるらしい。
【その他】本種のシラスウナギは尾ビレに黒いシミを持つことで、ニホンウナギのシラスウナギと見分ける。

21

コイ科

コイ／フナの仲間

誰でも知っているのによくわからない魚

コイ科の中では最も古くに分化したグループの一員。人里にふつうにいるので、知らない人がいないほど。しかし、コイには実は2種いるのではないかだとか、形態がかなり異なるタイプのフナが明確に分かれていない一方で、そっくりなのに遺伝的に別のタイプのフナがいるなど、分類は混乱している。

コイ　*Cyprinus carpio*
コイ科　コイ属
全長80cm

ギンブナ　*Carassius langsdorfii langsdorfii*
コイ科　フナ属
全長25cm

背中がせり出して体高が高くなっている

背ビレの分枝軟条数は15以上

口先がとがる。唇は分厚い

尾ビレのつけ根は太い

成魚（39.8cm）

成魚（40.5cm）

ヒゲは2対

未成魚（17.9cm）

未成魚（11.8cm）

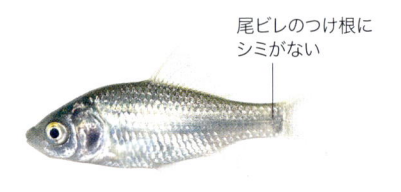

尾ビレのつけ根にシミがない

未成魚（5.3cm）

未成魚（3.4cm）

22

✳ 染色体の倍加による進化

コイ、フナ、ドジョウ、サケの仲間には、染色体のセットが倍々に増えて進化したものがいる。①生物は卵と精子から染色体セットを受けついで、合わせて2組持つ2倍体である。②雑種には繁殖能力がない。③染色体セットが倍加すると繁殖能力が回復する（4倍体）。④さらに一部の染色体が倍加して6倍体になると、染色体セットをそのまま仔に伝えるクローン繁殖をする。染色体の倍加のしかたにはさまざまなパターンがある。

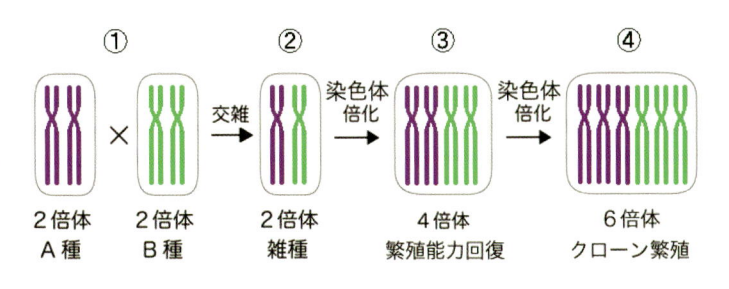

① 2倍体 A種 × ② 2倍体 B種 → 交雑 → ② 2倍体 雑種 → 染色体倍化 → ③ 4倍体 繁殖能力回復 → 染色体倍化 → ④ 6倍体 クローン繁殖

ゲンゴロウブナ　*Carassius cuvieri*

コイ科　フナ属
全長40cm

- 側面背中側のウロコ一枚一枚の根元に黒いシミ。連続して縞模様のように見える
- 尾ビレのつけ根は細い
- 口先が左右に広い。唇はうすい
- 背と腹の両方が張り出して体高が高くなっている

成魚（43.0cm）

未成魚（12.3cm）

尾ビレのつけ根にシミがある

未成魚（4.4cm）

キンブナ　*Carassius langsdorfii* subsp.

コイ科　フナ属
全長15cm

- 背ビレの分枝軟条数は11〜14
- 口ヒゲはない

成魚（10.9cm）

尾ビレのつけ根にシミがある

未成魚（4.8cm）

✳ 背ビレの条の数え方

コイ科では最初の長い条は枝分かれせず、2番目以降が枝分かれしている。これら枝分かれした条だけの数を「分枝軟条数」という。

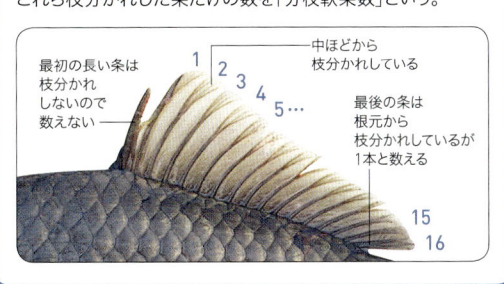

- 最初の長い条は枝分かれしないので数えない
- 中ほどから枝分かれしている
- 最後の条は根元から枝分かれしているが1本と数える

コイ／フナの仲間

コイ科

コイ
コイ科 コイ属
Cyprinus carpio

【分布】自然分布は琵琶湖－淀川水系などの広い水系にかぎられていたと思われる。現在は養殖品種の移植により各地に分布。国外ではユーラシア大陸に広く分布。
【生態】氾濫原や水田地帯などで、冠水した植物の根元に産卵。3年で成熟する。成魚は昆虫、貝類など底生動物を好む。染色体数100本の4倍体。
【その他】琵琶湖などにいる「野鯉」は自然分布で、錦鯉や養殖品種とは別種に近いレベルにまで遺伝的に分化している。錦鯉や養殖品種は大陸からの移植と考えられる。養殖品種の放流と交雑により、野鯉は絶滅の危機にある。

◀ タニシなど貝類を好み、のどにある歯（咽頭歯）で割って食べる

ギンブナ
コイ科 フナ属
Carassius langsdorfii langsdorfii

【分布】南西諸島を除く全国、日本固有。移入によりヨーロッパ。近縁種キンギョ *C. auratus* の野生型 *C. gibelio* は南西諸島とユーラシア大陸に広く分布。
【生態】河川下流域、農業水路、ため池などにふつう。雑食性。キンブナより大きくなり、広い水域を好む。春に水田や一時的水域などで産卵。雌雄がいて両性生殖する4倍体（習慣的に2倍体とよんでいた）と、雌のみでクローン繁殖をする6倍体（習慣的に3倍体とよんでいた）がいる。
【その他】ギンブナ、ナガブナ、オオキンブナなどさまざまなタイプが知られているが、区別はあいまいなので、一括して扱う。

◀ 広く「マブナ」とよばれることが多い。写真は琵琶湖産

ゲンゴロウブナ
コイ科 フナ属
Carassius cuvieri

【分布】琵琶湖－淀川水系固有。移植により各地に分布。
【生態】湖沼と河川下流域にすむ。養殖品種（ヘラブナ）は移植により湖沼、ため池、ダム湖などにすむ。植物プランクトン食。増水時に、比較的深い場所で、浮遊物やヒシなどの浮葉植物に産卵する。成長が早く、大きくなる（全長45cm程度）。
【その他】釣りの対象として専門の競技会まであるほど人気のヘラブナは、本種の養殖品種といわれる。琵琶湖の沖合をおもな生息場所とするゲンゴロウブナに対して、ヘラブナはあまり沖へ出ていかない。形態でもいくぶん異なる。

◀ フナの中でも独特の体形をしている。写真は琵琶湖産

キンブナ
コイ科　フナ属
Carassius langsdorfii subsp.

【分布】 関東、東北地方太平洋岸、日本固有。
【生態】 幅のせまい農業水路など小水域に多い。雑食性。春に水田や一時的水域などで産卵。雌雄がいて両性生殖をする。しばらく産卵場所付近で育ち、秋までに親の生息場所に移動する。1～2年で成熟。小型で、全長15cm以上になることは稀。
【その他】 染色体数100本の4倍体で、習慣的にこれを「2倍体」とよんでいた。ギンブナとこれに似たフナ類の中で、このタイプは比較的まとまっているので分けて扱う。ただし背ビレ分枝軟条数が13本以上で体の褐色みがうすいものには雌のみの6倍体（ギンブナに含まれる？）がいるので注意。

◀ ウロコが金色で「キンタロウブナ」ともよばれる。

✳ フナの分類 ── コップの中の嵐か？

フナの仲間の分類は定まっていない。形態、生態ともに変異に富むからである。こういうときには目先のわずかなちがいにとらわれずに大枠から見ていくにかぎる。フナ属 *Carassius* にはヨーロッパブナ *C. carassius*（日本にはいない）と、それ以外（アジア～東ヨーロッパ）の二大グループがいる。アジアから東ヨーロッパに分布するフナはDNA配列で3つに分けられる。ゲンゴロウブナ、それ以外の日本の多くのフナ類、そして大陸のフナ類（キンギョ *C. auratus* ＋ギベリオブナ *C. gibelio*）である。そこで、ゲンゴロウブナは別種で、日本のフナ類の多くは大陸のフナとは別物であることがわかる。学名は先取権から *C. langsdorfii* となる。

アジア～東ヨーロッパに広く分布するフナ全体から見ると、ゲンゴロウブナを除く日本のフナの多様化は、分布域の片隅で起きたことである。それは日本の地形が複雑でフナ類が水系ごとに隔離されやすかったためかもしれないし、日本での研究が進んでいるせいで、わずかなちがいが目につくだけかもしれない。

ギンブナとよばれているフナの多くは雌だけでクローン繁殖をする。これらは染色体数約150本で6倍体である。卵は母親と同一の染色体を持ち、両性生殖するタイプのフナ（染色体数100本の4倍体）の精子を発生の刺激にだけ利用し（精子は発生の初期に消えてしまう）、母親と全く同じ遺伝子構成を持つクローンが育つ。雌性発生ともいう。ギンブナの6倍体と4倍体は形態では区別できないうえに、オオキンブナやナガブナのタイプからも6倍体が見つかるので、混乱に拍車がかかっている。

6倍体と4倍体はこれまで習慣的に、それぞれ3倍体と2倍体とよばれてきた。しかし、コイとフナ類は近縁なコイ科の染色体が倍加したもので、それ自体4倍体である。つまり、魚類一般の中での位置づけは、それぞれ6倍体、4倍体というのが正しい。

ギンブナの稚魚。水田とその周辺で育つ。
夏から秋にかけて、田んぼを干しあげるときに
大量に獲れる

タナゴの仲間

タナゴの仲間は、イシガイ科の二枚貝に産卵する特殊な繁殖生態を進化させている。熟した卵を持つ雌は二枚貝に卵を産み込むための産卵管を発達させる。卵は二枚貝のエラの中でふ化し、仔魚はそこで1ヶ月ほど育ち（秋に産卵する種では半年ほど）、稚魚になってから泳ぎだす。どの種もきれいな婚姻色をあらわすので、観賞用として人気がある。

コイ科

タナゴ類の見分けかた

タナゴ亜科の各種の識別は難しいが、形態にまとまりのある3つの属に分けられる。そこでまず、属を見分けてから、属の中の各種を見分ける。

※ 属の識別──ポイントはヒゲと側線、背ビレの模様

［アブラボテ属］

ヤリタナゴ ♂

他のタナゴ類よりも長いヒゲを持つ。ヒゲを底に向けて泳ぐことが多く、よく目立つ。側線は完全（例外もある）。体側面の後半の青みがかったスジがない。

ヤリタナゴ ♂

ヒレの条（「傘の骨」にあたるカルシウムでできた硬いスジ）の間の膜に、ぼうすい形の黒い斑点がある。幼魚や雌の背ビレに黒斑はできない。

［バラタナゴ属］

タイリクバラタナゴ ♂

ヒゲがない。口は小さい。側線は不完全。体が平べったい。体側面の後半に青いスジがある。

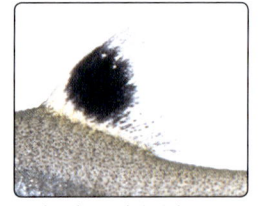

カゼトゲタナゴ 未成魚

ヒレの条の間の膜には色がつかないか（幼魚と雌）、膜全体が灰色（雄）。幼魚と雌の背ビレの前縁に丸か三角の黒斑があり、さらにその前縁は白い。

［タナゴ属］

タナゴ ♂

イチモンジタナゴ ♂

多くはヒゲを持つ。イチモンジタナゴなどでは短くこぶ状。ヒゲをうしろに倒していることが多く、アブラボテ属ほどには目立たない。側線は完全（例外もある）。原則として、体側面の後半の青みがかったスジがある。

タナゴ ♂

ヒレ全体に「カスリ模様」のようなパターンが見える（とくに雄）。幼魚の背ビレ中央付近に黒斑を持つ種がいる。体が細長い種が多いが、オオタナゴなど平たい種もいる。

26

タナゴの仲間 ①
アブラボテ属

川や水路の流れのあるところに多い

タナゴ類の中では古くに分かれたものの子孫。日本にはアブラボテとヤリタナゴの2種がいる。同属とされてきたミヤコタナゴは別属 *Pseudorhodeus* に分類された。分布域が日本と朝鮮半島にかぎられ、中国大陸または東ヨーロッパまで広く分布する他のタナゴ類とは、別の進化史を歩んだことがうかがえる。

ヤリタナゴ　*Tanakia lanceolata*
コイ科　アブラボテ属
全長10cm

- 体高が低い
- ヒゲが長い
- 青いスジは全くないか、ごく弱い

♂ 成魚 婚姻色 (8.3cm)

― 産卵管
♀ 成魚 (9.3cm)

未成魚 (2.4cm)

アブラボテ　*Tanakia limbata*
コイ科　アブラボテ属
全長4〜7cm

- 体色はオリーブ色〜茶色
- 体高が高い
- 口ヒゲが長い
- 青いスジは全くない

♂ 成魚 婚姻色 (5.6cm)

― 産卵管
♀ 成魚 (4.8cm)

未成魚 (2.9cm)

27

コイ科

タナゴの仲間 ②
バラタナゴ属

水路やため池などにいる小魚

タナゴ類の中では小型の種が多い。体が平たいことと関連し、ゆるやかな流れか、止水域を好む。バラタナゴ属全体の自然分布域は日本から東ヨーロッパまで。タナゴ属に含まれるオオタナゴは、体が平たくヒゲが目立たないので、とくに若魚はタイリクバラタナゴと一見似ている。

タイリクバラタナゴ *Rhodeus ocellatus ocellatus*
コイ科 バラタナゴ属
全長6〜8cm

- 側線は不完全
- 短い青いスジ
- 赤い
- 口ヒゲはない
- 腹ビレの前縁は白く光る

♂ 成魚 婚姻色 (7.3cm)

カゼトゲタナゴ *Rhodeus smithii atremius*
コイ科 バラタナゴ属
全長5cm

- 長く美しい青いスジ
- 中央の条2〜4本が黒く着色
- 側線は不完全
- 口ヒゲはない

♂ 成魚 婚姻色 (5.2cm)

- 産卵管は長い。根元が赤くなることがある

♀ 成魚 (6.3cm)

- 産卵管は短い。根元で折れ曲がる

♀ 成魚 (4.5cm)

- 背ビレの前端に黒点。その前縁は白い

未成魚 (2.1cm)

- 背ビレの前端に黒点。その前縁は白い

未成魚 (1.9cm)

タナゴの仲間 ③
タナゴ属

ゆるい流れのところが好き

タナゴ属は背ビレにカスリ模様があることで特徴づけられる。タナゴ亜科の中ではカゼトゲタナゴのグループとともに、最も特殊化が進んだグループ。体が細長いことと関連して、流れのあるところを好む種が多い。関東地方では、江戸時代からこれらを専門に釣るタナゴ釣り文化ができた。

オオタナゴ *Acheilognathus macropterus*
コイ科 タナゴ属
全長15cm

- 側線は完全
- うすいブルー。春に婚姻色が出る
- 口ヒゲは非常に短くほとんど見えない

♂ 成魚 婚姻色 (9.1cm)

- 産卵管

♀ 成魚 (8.2cm)

- 背ビレの中央前寄りに黒点

未成魚 (2.2cm)

カネヒラ *Acheilognathus rhombeus*
コイ科 タナゴ属
全長12cm

- 青い三角のシミ
- 短いヒゲ。大型個体では、上アゴが下アゴを覆うように伸びる

♂ 成魚 婚姻色 (10.2cm)

- 産卵管

♀ 成魚 (9.6cm)

- 背ビレの中央前寄りに黒点

未成魚 (2.7cm)

コイ科

✻ タナゴ類は貝と共生している？

タナゴ類はイシガイ科の淡水二枚貝のエラに産卵し、二枚貝は幼生（グロキジウムという）をタナゴ類に寄生させて繁殖する共生関係にある、とよくいわれる。しかしそれはまちがいだ。タナゴ類が二枚貝に産卵することは確かだが、タナゴ類はしたたかにも、グロキジウム幼生に対する生まれつきの抵抗性を進化させている。二枚貝のグロキジウム幼生はタナゴ類に寄生できないのだ。
タナゴ類は二枚貝から卵を守ってもらうという利益だけを得ているので、片利共生という関係である。または、タナゴに卵を産みつけられると、二枚貝は体力をうばわれるので、タナゴは二枚貝に害をあたえる、つまり寄生しているというべきか。
それでは、二枚貝のグロキジウム幼生はどうやって育つのか？ 小型のヨシノボリ類やメダカなどはグロキジウム幼生に対する生まれつきの抵抗性を持たない。グロキジウム幼生はこれらに寄生して育つ。ただしこれも一度だけのこと。グロキジウム幼生に寄生されると、抵抗性ができてしまい、次からは寄生されにくくなる。
このような関係から見えてくることは、タナゴ類がすめる場所は、自然が豊かということだ。タナゴ類と二枚貝がいるだけでなく、他のさまざまな小魚もいなければ、二枚貝は繁殖できない。しかも

シロヒレタビラ　*Acheilognathus tabira tabira*

コイ科　タナゴ属
全長6〜9cm

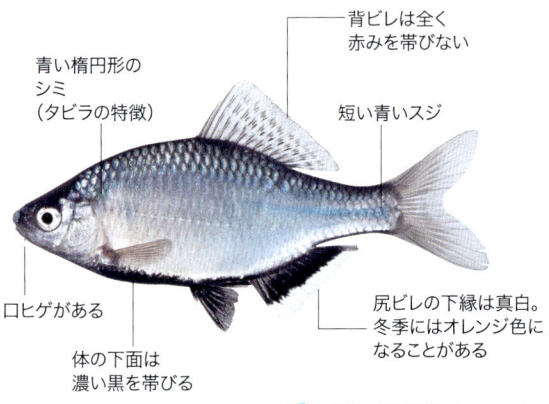

- 青い楕円形のシミ（タビラの特徴）
- 背ビレは全く赤みを帯びない
- 短い青いスジ
- 口ヒゲがある
- 体の下面は濃い黒を帯びる
- 尻ビレの下縁は真白。冬季にはオレンジ色になることがある

♂ 成魚 婚姻色（9.3cm）

- 産卵管

♀ 成魚（8.2cm）

- 背ビレに黒点はない

未成魚（3.5cm）

アカヒレタビラ　*Acheilognathus tabira erythropterus*

コイ科　タナゴ属
全長6〜9cm

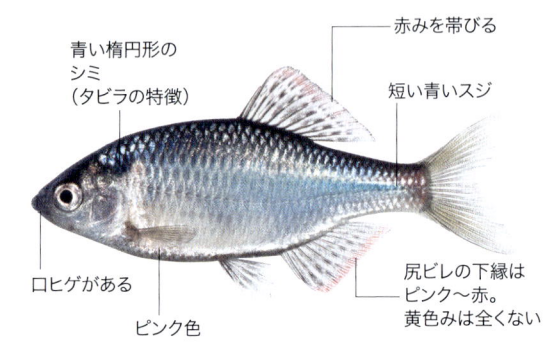

- 青い楕円形のシミ（タビラの特徴）
- 赤みを帯びる
- 短い青いスジ
- 口ヒゲがある
- ピンク色
- 尻ビレの下縁はピンク〜赤。黄色みは全くない

♂ 成魚 婚姻色（7.7cm）

- 産卵管

♀ 成魚（7.1cm）

- 背ビレに黒点はない

未成魚（3.3cm）

その小魚はグロキジウム幼生に寄生されたことのない、若い魚でなければならない。つまり、タナゴ以外の小魚がどんどん繁殖している場所にこそ、二枚貝が育ち、そこにタナゴ類がすめるのである。

▲ イシガイ

セボシタビラ
Acheilognathus tabira nakamurae
コイ科 タナゴ属
全長6〜9cm

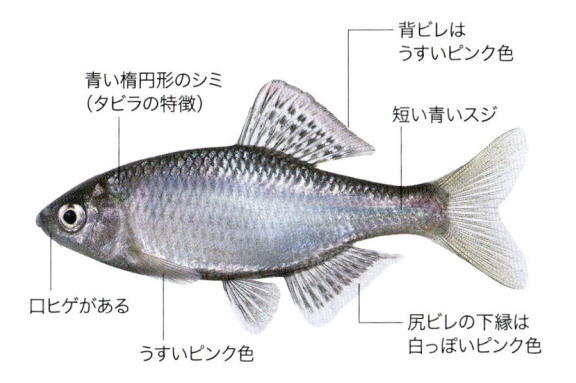

- 青い楕円形のシミ（タビラの特徴）
- 背ビレはうすいピンク色
- 短い青いスジ
- 口ヒゲがある
- うすいピンク色
- 尻ビレの下縁は白っぽいピンク色

♂ 成魚 婚姻色 (7.7cm)

産卵管

♀ 成魚 (8.3cm)

背ビレ中央前寄りに黒点。ただし前縁までこない

未成魚 (2.6cm)

その他の仲間

キタノアカヒレタビラ
コイ科 タナゴ属
Acheilognathus tabira tohokuensis

【分布】新潟県〜秋田県の東北地方日本海側の水系。日本固有。
【生態】アカヒレタビラに似る。卵は細長い。産卵管はアカヒレタビラより長く伸びる。フネドブガイなど、ドブガイ類に産卵する。八郎潟、新潟県福島潟周辺など、潟湖またはそれに準ずる浅い池沼とそのまわりに多い。
【その他】アカヒレタビラとは卵の形で、ミナミアカヒレタビラとは稚魚の背ビレに小さい黒点がないことで見分けることができる。飼いやすいが白点病に弱い。

♂ 成魚 婚姻色 (9.9cm)

ミナミアカヒレタビラ
コイ科 タナゴ属
Acheilognathus tabira jordani

【分布】富山県〜島根県の日本海側の水系。ただし、京都府由良川など、瀬戸内海側の魚類が水系の連続で入り込んでいるところには本亜種でなくシロヒレタビラが分布。日本固有。
【生態】アカヒレタビラに似る。卵は細長い。石川県柴山潟、鳥取県多鯰ヶ池、宍道湖－中海周辺、島根県旧羽根湖など、潟湖またはそれに準ずる浅い池沼とそのまわりに多い。
【その他】稚魚の背ビレには小さい黒点がある。この黒点はセボシタビラのものよりも明らかに小さい。飼いやすいが白点病に弱い。島根県では保護の対象で、捕獲が禁止されている。

♂ 成魚 婚姻色 (8.5cm)

31

コイ科

✸ タナゴ類の人工繁殖

タナゴ類を繁殖させたいと思う人は多い。自然繁殖させるなら生きた二枚貝をいっしょに飼うことだが、おすすめできない。二枚貝にやる餌がないからだ。二枚貝は使いすてになる。これでは二枚貝を自然界から減らすばかりで、タナゴ類を減らすことにもつながる。産卵管のよく伸びた雌と、婚姻色の出た雄の腹を押して、卵と精子をしぼり出し、人工的に受精させて育てることができるので試してみよう。卵と仔魚は、正常に泳ぎ口が開いて餌を喰うようになるまで、シャーレのような浅い容器に入れ、暗くして毎日水替えをして育てる。

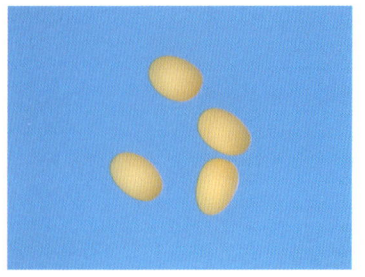

◀ アカヒレタビラの卵。タナゴ類の卵は丸くないが、これは二枚貝からはき出されないための適応であるといわれる

イチモンジタナゴ *Acheilognathus cyanostigma*
コイ科 タナゴ属
全長8cm

タナゴ *Acheilognathus melanogaster*
コイ科 タナゴ属
全長6〜9cm

青い帯の前端が膨らんで下に曲がる
短いヒゲ

背ビレの先が黒い
体高が低い
やや長く青いスジ（背ビレの前から始まる）
口ヒゲがある

♂ 成魚 婚姻色 (7.7cm)　　♂ 成魚 婚姻色 (4.8cm)

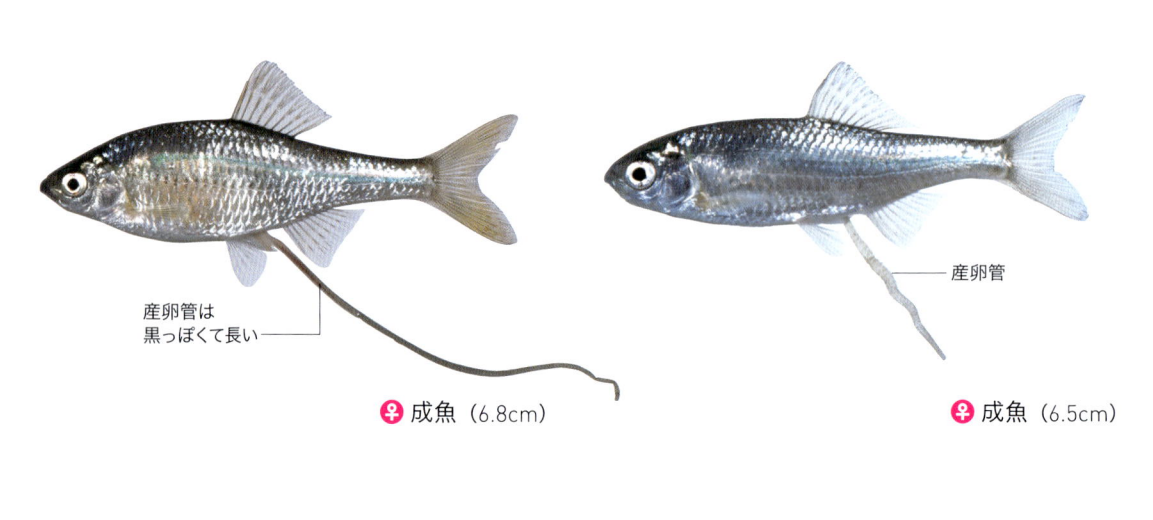

産卵管は黒っぽくて長い
産卵管

♀ 成魚 (6.8cm)　　♀ 成魚 (6.5cm)

未成魚 (3.7cm)　　未成魚 (2.3cm)

32

タナゴの仲間

ヤリタナゴ
コイ科 アブラボテ属
Tanakia lanceolata

【分布】北海道と離島を除く全国。ただし東北太平洋側はおそらく移入。国外では朝鮮半島。
【生態】川や水路の流れに多い。琵琶湖など大きな湖沼の沿岸にもいる。動物食にかたよった雑食性。産卵期は春〜初夏。マツカサガイ、ニセマツカサガイ、ヨコハマシジラガイなどに産卵。卵はぼうすい形。
【その他】関東地方以外ではあまり食用にされない。タナゴ釣りの対象として人気がある。比較的大きくなり、口も大きいので釣りやすい。スレや病気に強く、飼いやすいが、室内水槽で卵が成熟することは稀。同属のアブラボテとの交雑個体がときどき見つかる。

◀ 分布域が広いタナゴの一つ

アブラボテ
コイ科 アブラボテ属
Tanakia limbata

【分布】濃尾平野より西の本州、四国東部瀬戸内側、九州。日本固有種。
【生態】ヤリタナゴと一部共存しつつ、よりせまい川や水路にすむ。琵琶湖内にはいない。動物食にかたよった雑食性。産卵期は春〜初夏。マツカサガイ、ニセマツカサガイ、カタハガイ、ドブガイなどに産卵する。卵は丸みのあるぼうすい形。
【その他】タナゴ釣りが盛んでない地方にいるので、ほとんど釣りの対象にならない。飼いやすい。朝鮮半島のものは雑種致死現象などにより、別種 *T. koreanus*、*T. somjinensis*、*T. latimarginata* に分類された。同属のヤリタナゴとときどき交雑する。

◀「ボテ」は、タナゴの仲間の俗称。本種は独特の体色を持つ

タイリクバラタナゴ
コイ科 バラタナゴ属
Rhodeus ocellatus ocellatus

【分布】中国大陸原産の重点対策外来種。移入によりほぼ全国。
【生態】ため池、農業水路などの止水域を好む。植物食にかたよった雑食。産卵期は春〜夏の長期間。ドブガイなどに産卵。卵は細長い西洋梨型。
【その他】タナゴ釣りの対象として人気があるが、口が小さく釣りにくい。戦時中に、ソウギョなどの種苗にまぎれて関東地方に侵入した。その後全国に広がった。日本原産の別亜種ニッポンバラタナゴ *R. o. kurumeus* とは容易に交雑するうえ、生活力の強さから次々と置き換わっており、純粋なニッポンバラタナゴは絶滅の危機にある。

◀ 各地で目にする外来種だが、減少傾向にある地域も

タナゴの仲間

コイ科

カゼトゲタナゴ
コイ科 バラタナゴ属
Rhodeus smithii atremius

【分布】九州北部。似たものは朝鮮半島から中国大陸に広く分布。分類が混乱しており、要再検討。
【生態】流れのゆるい農業水路などにすむ。ため池などの止水域にはほとんどいない。植物食にかたよった雑食。産卵期は3〜6月。イシガイやドブガイの小型のものに産卵する。
【その他】分布域がせまく減少著しいので保護の必要がある。岡山県と広島県東部にいる種の保存法対象種スイゲンゼニタナゴ *R. s. smithii* とは亜種に相当する関係にある。岡山県には、カゼトゲタナゴとスイゲンゼニタナゴとの交雑個体が放流されたらしい場所があり、遺伝子汚染が心配である。

◀ タナゴの中では小型。透明感のある体が特徴的

オオタナゴ
コイ科 タナゴ属
Acheilognathus macropterus

【分布】特定外来生物。移入により霞ヶ浦など。原産地は朝鮮半島と中国大陸。
【生態】広く開放的な止水域を好む。霞ヶ浦では特定の場所（江戸崎）に多い。植物食にかたよった雑食。産卵期は4〜7月。ヒレイケチョウガイに産卵する。1年で成熟し、寿命は3年以下。
【その他】タナゴ属だがバラタナゴ属と一見区別しづらい。側線が完全なことなどで見分ける。淡水真珠養殖の母貝（ヒレイケチョウガイ）の移植にともなって侵入したといわれる。釣竿の届きにくい沖にいるうえに、食性も他のタナゴ類と異なるので、釣りにくい。

◀ 外来種で、霞ヶ浦ではふつうに目にするようになった

カネヒラ
コイ科 タナゴ属
Acheilognathus rhombeus

【分布】琵琶湖水系以西の本州、九州北部。移入により各地。国外では朝鮮半島。
【生態】湖沼、河川下流域、農業水路などにすむ。植物食にかたよった雑食。アオミドロなどの糸状緑藻類を好む。産卵期は9〜11月。イシガイ、タテボシガイ、オトコタテボシガイなどに産卵。卵は鶏卵型。貝のエラの中でふ化した仔魚は、次の5〜6月に貝から泳ぎ出る。その年の秋には成熟する。
【その他】関東地方の移入先ではタナゴ釣りの対象として人気がある。味はとてもまずい。じょうぶで飼いやすい。オオクチバスの拡散によりタナゴ類は激減したが、本種だけはむしろ生息域を拡大した。

◀ 日本産のタナゴ類では最も大きくなる

シロヒレタビラ
コイ科 タナゴ属
Acheilognathus tabira tabira

【分布】濃尾平野、琵琶湖－淀川水系～岡山平野までの山陽地方。日本固有。移入により青森県岩木川水系など。
【生態】琵琶湖岸、内湖、河川下流域のワンド、農業水路などにすむ。農業水路では冬季に下流に移動し越冬後、もといた場所に戻る。ため池には稀。植物食にかたよった雑食性。産卵期は4～8月。カタハガイ、オバエボシガイなどに産卵。卵は鶏卵形。
【その他】食用や釣りの対象としてほとんど利用されない。観賞用としては人気がある。タナゴ類としては飼いやすいほうだが、白点病に弱い。

◀ 尻ビレの下縁が白いので、その名がある

アカヒレタビラ
コイ科 タナゴ属
Acheilognathus tabira erythropterus

【分布】関東、東北地方太平洋岸。日本固有。
【生態】シロヒレタビラに似る。卵は楕円形。霞ヶ浦、北浦、旧品井沼周辺、小川原湖周辺など、潟湖またはそれに準ずる浅い池沼とそのまわりに多い。
【その他】新潟県～秋田県のものはキタノアカヒレタビラ *A. t tohokuensis* に、富山県～島根県のものはミナミアカヒレタビラ *A. t. jordani* に細分された。タイリクバラタナゴよりも口が大きく釣りやすい。関東地方ではタナゴ釣りの対象。飼いやすいが白点病に弱い。

◀ 尻ビレの下縁は赤色～ピンク色

セボシタビラ
コイ科 タナゴ属
Acheilognathus tabira nakamurae

【分布】九州北部。日本固有。種の保存法対象種。
【生態】シロヒレタビラに似る。タビラの中では最も流水を好む。おもな産卵母貝はカタハガイとドブガイ。産卵母貝への好みは他のタナゴ類に比べてはっきりしている。卵は細長い。
【その他】最近、生息地ではカタハガイの減少とともに激減した。本亜種は他のタナゴ類とちがって、内臓に苦味がなく、つくだ煮にすると内臓を取らなくてもおいしい。飼いやすいが白点病に弱い。しかし、許可なく捕獲できなくなったので、今では味わうことも飼うこともできない。

◀ 九州に分布するタビラの仲間。近年、減少が著しい

タナゴの仲間

コイ科

イチモンジタナゴ
コイ科 タナゴ属
Acheilognathus cyanostigma

【分布】濃尾平野、三方湖、琵琶湖－淀川水系、紀ノ川、由良川、兵庫県瀬戸内側。日本固有。移入により岡山県、熊本県など。
【生態】湖沼や農業水路のほとんど流れのないところにすむ。ため池にいることは稀。植物食にかたよった雑食性。産卵期は4～8月。産卵管が長いことと関連し、大型のドブガイなどに卵を産みつける。卵は細長い。
【その他】琵琶湖ではかつては漁業のじゃまになるほどにいたが、オオクチバスの拡散にともない激減し、絶滅したとみられる。口が小さく、餌を積極的にとらないのですぐにやせてしまい、飼いにくい。

◀ 体側の青いスジから「一文字」の名がある

タナゴ
コイ科 タナゴ属
Acheilognathus melanogaster

【分布】関東地方、東北地方の太平洋側。日本固有。
【生態】湖沼や農業水路のほとんど流れのないところにすむ。ため池にすむこともある。植物食にかたよった雑食性。産卵期は4～8月。産卵管が長いことと関連し、大型のカラスガイなどに卵を産みつける。卵は細長い。
【その他】標準和名「タナゴ」は、タナゴ亜科の総称と混同しやすいので注意を要する。タナゴ釣りの対象として人気がある。飼いやすいが白点病に弱い。屋内水槽では野生状態の婚姻色があらわれにくく、黒っぽくなってしまう。

◀ 体高は低い。総称と区別するため「マタナゴ」とも呼ばれる

その他の仲間

ニッポンバラタナゴ
コイ科 バラタナゴ属
Rhodeus ocellatus kurumeus

【分布】琵琶湖（絶滅）－淀川水系、大和川水系、兵庫・岡山・香川県の瀬戸内側、九州北部。日本固有。
【生態】ため池、農業水路などの止水域を好む。植物食にかたよった雑食。産卵期は5～7月。ドブガイなどに産卵。卵は西洋梨型。タイリクバラタナゴより小型。
【その他】腹ビレ前縁に白線がないことと、側線鱗のない個体が多いことが特徴。ただし、タイリクバラタナゴとの交雑個体など、まぎらわしいものもいる。大阪府や香川県のものでは近親交配が進んでいて、生活力が低下している。絶滅寸前で至急保護の必要がある。

ニッポンバラタナゴ　産卵の瞬間
二枚貝の入水管に、メスが産卵管をさし込む瞬間。
産卵管は卵を送り込む際に"吹き戻し"のようにピンと伸びる。
オスは貝の入水管付近に放精し、卵は貝内で受精し生育する

オイカワの仲間

河川中流域で最もポピュラーな小魚

東アジアで著しく多様化して繁栄しているグループの一部。日本ではオイカワなど4種がいて、いずれも尻ビレ（とくに雄）が後方に伸びるという共通の特徴を持つ。多くは雑食性だが、ハスのように大型の肉食魚もいて、多様化の一端が垣間見える。オイカワは川の小物釣りの対象として人気がある。

コイ科

カワムツ *Candidia temminckii*
コイ科 カワムツ属
全長18cm

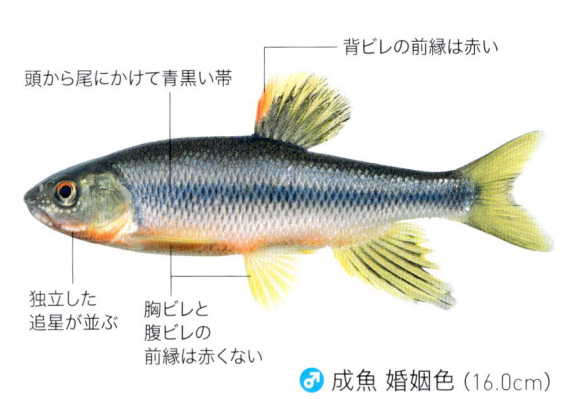

- 背ビレの前縁は赤い
- 頭から尾にかけて青黒い帯
- 独立した追星が並ぶ
- 胸ビレと腹ビレの前縁は赤くない

♂ 成魚 婚姻色（16.0cm）

- ヌマムツよりウロコが粗い。側線鱗数が51枚以下

♀ 成魚（11.2cm）

- 赤みがさす
- ヌマムツより茶色味が強く透きとおった感じ

未成魚（4.4cm）

ヌマムツ *Candidia sieboldii*
コイ科 カワムツ属
全長18cm

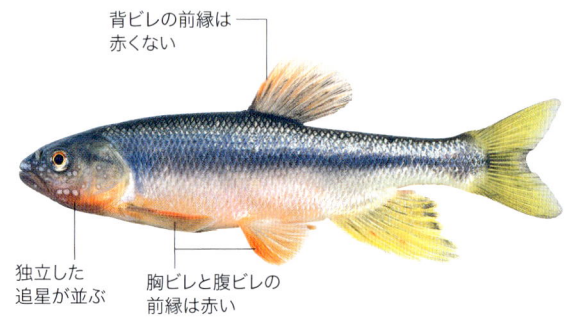

- 背ビレの前縁は赤くない
- 独立した追星が並ぶ
- 胸ビレと腹ビレの前縁は赤い

♂ 成魚 婚姻色（16.0cm）

- 背中は褐色　カワムツより銀白色が強い
- カワムツよりウロコが細かい。側線鱗数が53枚以上

♀ 成魚（14.4cm）

- カワムツより銀色が強く、すべすべした感じ
- 赤みがさす

未成魚（5.6cm）

背面比べ

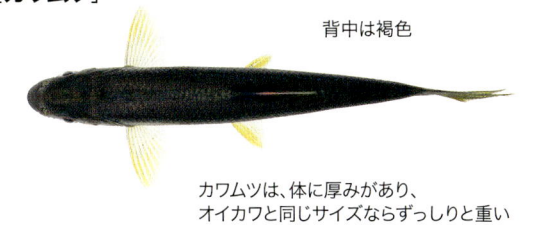

［カワムツ］ 背中は褐色

カワムツは、体に厚みがあり、オイカワと同じサイズならずっしりと重い

［オイカワ］ 背中は緑色を帯びる

オイカワの体には厚みがない

オイカワ　*Zacco platypus*
コイ科 オイカワ属
全長15cm

ハス　*Opsariichthys uncirostris*
コイ科 ハス属
全長35cm

のこぎりのような追星
口がまっすぐ
（ハスのように曲がってはいない）

♂ 成魚 婚姻色（12.2cm）

口がへの字

エラぶたと目のうしろが発達する

♂ 成魚 婚姻色（30.0cm）

背から腹にかけてピンク色の帯。銀白色

口先に赤みがさす

♀ 成魚（10.3cm）

♀ 成魚（21.3cm）

口先に赤みがさす。
口がまっすぐ
（ハスのように曲がってはいない）

稚魚（2.8cm）

口がわずかにへの字に曲がる

未成魚（6.0cm）

39

コイ科

オイカワの仲間

① 雑魚釣りの入門魚で、いる場所では密度は高い
② 雄の追星
③ 全長 3.5cm ほどの稚魚

カワムツ　コイ科 カワムツ属　*Candidia temminckii*

【分布】中部地方以西の本州、四国、九州。移入により関東地方など。
【生態】河川の中〜上流域に広く生息。淵やよどみなど流れのゆるやかな場所で、樹木や背の高い草などの陰を好む。雑食性。水生・陸生昆虫などの小動物、付着藻類や糸状藻類などを食べる。2〜3年で成熟する。産卵期は5〜8月ごろ。つがいで流れのゆるやかな浅瀬で産卵し、尻ビレと尾ビレをはためかせ、砂礫を巻きあげて卵を埋める。
【その他】かつてカワムツB型とよばれていたもの。オイカワのように食用にされることはあまりないが、美味。この仲間は高温と酸素欠乏に弱いので、採集後に持ち帰る際には過密をさける。川の小物釣りの入門に適する。

① 平野部の水路に多いが、見かける機会は減っている
② 雄の追星
③ 全長 3cm ほどの稚魚

ヌマムツ　コイ科 カワムツ属　*Candidia sieboldii*

【分布】中部地方以西の本州、四国瀬戸内海側、九州。移入により関東地方など。日本固有。
【生態】河川の中〜下流域のワンド、農業水路、湧水池など。カワムツよりも流れがゆるやかな場所を好む。これらの場所の多くは改修などにより失われているので、カワムツよりも生息地は少ない。食性、成長、産卵生態はカワムツに似る。
【その他】かつてカワムツA型とよばれていたもの。味はまずい。味について書かれた図鑑には、カワムツ（総称）はオイカワより劣るとあるが、本種のことであろう。カワムツと同様にオイカワよりも動物食にかたより、口も大きいので釣りやすく、川の小物釣りの入門に適する。

① 雄同士の威嚇行動（ラテラル・ディスプレイ）
② 雄の追星
③ 全長 3cm ほどの稚魚

オイカワ　コイ科 オイカワ属　*Zacco platypus*

【分布】関東以西の本州、四国の瀬戸内海側、九州北部。移入により全国に広く分布。国外では朝鮮半島、中国北部。
【生態】河川の中〜下流域、ワンド、農業水路、ダム湖、琵琶湖など湖沼に広く分布。上流ではカワムツと、下流ではヌマムツと共存することが多い。明るい開けた場所を好む。植物食にかたよった雑食性。付着藻類と、水生・陸生昆虫などの小動物を食べる。2年で成熟する。繁殖期、産卵生態はカワムツに似る。ふ化後、仔稚魚はいったん下流に流下する。
【その他】釣りの対象として人気があり、専門の競技会が開かれるほど。甘露煮や南蛮漬けなどにして利用される。

① 瞬間的な泳ぐスピードは速い
② 雄の顔。への字に曲がった口が特徴
③ 全長 3.5cm ほどの稚魚

ハス　コイ科 ハス属　*Opsariichthys uncirostris*

【分布】琵琶湖－淀川水系、三方湖（絶滅）。移入により各地に分布。
【生態】原産地では湖岸と河川下流域にすむ。泳ぎは素早いが急流を好まず、流れのほとんどない表層をぼんやり泳いでいることが多い。稚魚は動物プランクトンを、未成魚〜成魚は魚類を好んで食べる。3〜4年で成熟する。産卵期は夏。琵琶湖では流入河川の下流に遡上して砂礫底で産卵する。その行動はオイカワに似る。
【その他】ルアー釣りの対象になる。夏に漁獲されたものは塩焼きなどにして利用される（とくに雄成魚）。琵琶湖産アユ種苗の放流にともない各地に広がり、在来魚への食害が懸念される（その他の総合対策外来種）。酸素不足に弱く、とくに成魚を持ち帰るのは難しい。

41

コイ科

ワタカ

日本が大陸の一部だったころの生き証人

他に似たかたちの魚がいないが、オイカワに近い仲間で、東アジアで著しく多様化して繁栄しているグループの一員。ワタカの仲間は日本が大陸の一部だったころに繁栄していたが、日本列島がかたち作られるにつれ絶滅していき、琵琶湖とその周囲にワタカだけが生き残った。

ワタカ *Ischikauia steenackeri*
コイ科 ワタカ属
全長35cm

- 背ビレの前の条が棘のように硬い
- 目が大きく、鼻先がしゃくれる
- 成魚は黒みを帯びる

成魚（26.5cm）

未成魚は緑色を帯びた銀色

未成魚（17.8cm）

ワタカ
コイ科 ワタカ属
Ischikauia steenackeri

【分布】琵琶湖－淀川水系、奈良盆地（野生絶滅）、福井県三方湖（絶滅）。移入により各地。
【生態】氾濫原や湖岸の一時的水域で、冠水した植物の根元に産卵。産卵期は初夏。仔稚魚は夏季に一時的水域で育ち、その後、河川本流や湖岸に移動する。稚魚〜若魚はプランクトン食または雑食で、成長すると冠水した草の若芽などを喰うようになる。
【その他】古文書や遺跡の調査から、奈良盆地や三方湖に自然分布していたことがわかった。中国大陸には本種の近縁種が繁栄しており、内陸部では高級魚。日本のワタカはほとんど食用にされない。

◀ ワタカの仲間は中国では広大な氾濫原にすむ。山がちな日本列島では、ワタカ以外絶滅した

✳ 分子系統解析により見えてきた
　東アジアで多様化し繁栄したグループ

かねてより、コイ科には奇抜な生態を示すものや、形態が変わっていて類縁関係がわからないものが知られていた。たとえばソウギョとハクレン。形は似ても似つかないが、どちらも流下卵を産む。南アジアやアフリカにいる熱帯魚ダニオの仲間には、オイカワにそっくりなものがいる。かたやカワムツはどこかウグイに似ている。いったい系統関係はどうなっているのか？
このような素朴な疑問が、DNA配列をもとにした分子系統解析により解けた。日本では、オイカワ、ハス、カワムツ、ヌマムツ、カワバタモロコ、ヒナモロコ、ワタカの天然分布7種と、移植分布のソウギョ、アオウオ、ハクレン、コクレンほか2種の、合計13種類は、共通の祖先に由来するグループであることがわかった。このグループは国外では、中国大陸や朝鮮半島などにさらに多様な種類がいる。全体では150種を超えるといわれる。

日本にいるものだけでも、カワバタモロコのような小魚から、ソウギョのような巨大な種、ハスのような肉食魚、ハクレンのような植物プランクトン食者、渓流にすむもの、下流のよどみにすむもの、流下卵を産むものなどなど、さまざまなものがいる。このような多様な種が一つのグループにまとまるとは、少し前には想像すらできなかった。そういうわけで、これまで、一部の種はウグイ・アブラハヤの仲間やダニオの仲間にバラバラに分類されてきた。あらためてまとめなおしてみると、このグループのほとんどは、日本、中国、朝鮮半島などからなる東アジアにかぎって分布することがわかる。逆に、このグループの分類が整理されたことで、ウグイ・アブラハヤの仲間とダニオの仲間から一部の種がぬけて、その範囲がせばまった。その結果、ウグイ・アブラハヤの仲間はおもに冷水魚、ダニオの仲間はもっぱら熱帯魚ということも見えてきた。

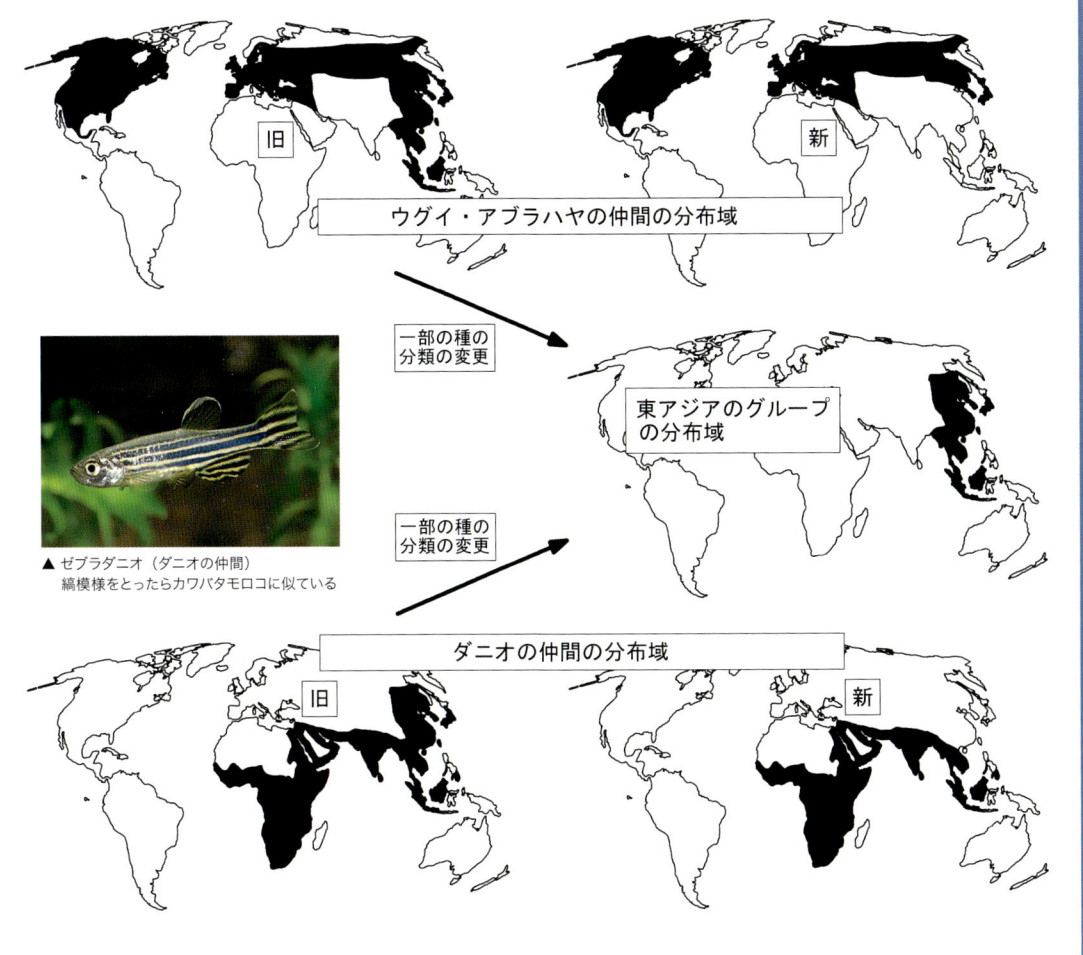

ウグイ・アブラハヤの仲間の分布域　旧／新

一部の種の分類の変更　→　東アジアのグループの分布域

▲ ゼブラダニオ（ダニオの仲間）
縞模様をとったらカワバタモロコに似ている

一部の種の分類の変更　→

ダニオの仲間の分布域　旧／新

東アジアのグループのまとまりが分子系統解析により見えてきたことによって、ウグイ・アブラハヤの仲間はおもに冷水魚、ダニオの仲間はもっぱら熱帯魚ということも見えてきた。東アジアのグループには、形態で、あるいは生態であまりに多様なものが含まれるために、分子系統解析が行われる以前には一部の種が他のグループにバラバラに分類されてきた。あらためてまとめなおしてみると、このグループの多様性に驚かされる。

コイ科

ソウギョ・ハクレンの仲間

特殊な繁殖生態のおかげで利根川でしか殖えない

ウロコが粗くコイのような肌合いのソウギョと、ウロコが細かく似ても似つかないハクレンは、実はオイカワやワタカに近い、東アジアで多様化したグループの一員。ソウギョとハクレンの仲間は流下卵を産むという共通の特徴を持つ。いずれも1mを超す大型魚。

ソウギョ *Ctenopharyngodon idellus*
コイ科 ソウギョ属
全長100〜150cm

ウロコに縁取りがある
口先が丸みを帯びる
未成魚（12.4cm）

ハクレン *Hypophthalmichthys molitrix*
コイ科 ハクレン属
全長100〜150cm

銀白色が強い
腹の下縁が刃のように出っぱる
未成魚（10.4cm）

✳ 中国における四大家魚の混合養殖

ソウギョ、アオウオ、ハクレン、コクレンを中国では四大家魚とよぶ。中国ではこれら4種を池で混養し、刈り取った草を投入するだけで、食物連鎖を利用して4種がバランスよく育つという巧みな混合養殖法が発達した。ソウギョが草を喰い、そのフンを食べたタニシがアオウオに喰われ、しみ出た養分を吸って発生する植物プランクトンをハクレンが喰い、植物プランクトンを食べる動物プランクトンをコクレンが喰う、という具合である。日本におけるヘラブナ（ゲンゴロウブナ）とタモロコを混養する施肥養魚は同様の原理を利用したものだが、こちらは2種であり、巧みさにおいて四大家魚の混合養殖にはかなわない。

アオウオ（コイ科アオウオ属 *Mylopharyngodon piceus*）。その他の総合対策外来種。移植により利根川水系に繁殖定着。原産地は中国大陸の大河川。ソウギョに似るが、食性は底生動物食。

コクレン（コイ科コクレン属 *Aristichthys nobilis*）。その他の総合対策外来種。移植により利根川水系に繁殖定着。原産地は中国大陸の大河川。ハクレンに似るが、食性は動物プランクトン食。

ソウギョ・ハクレンの仲間

▲ 中国では重要な食用魚として盛んに養殖される

ソウギョ　コイ科 ソウギョ属　*Ctenopharyngodon idellus*

【分布】その他の総合対策外来種。移植により利根川水系に繁殖定着。その他各地に移植（ただし1代かぎり）。原産地は中国大陸の大河川。
【生態】成魚は水草や冠水した陸上植物を専門に喰う。水草を食べつくす害魚とされることも。大河川や浅い沼などにすむ。産卵期は初夏。利根川水系では、産卵に先立ち、本流を埼玉県久喜市付近まで遡上する。卵は流れ下りながら発生する。繁殖がうまくいくには、ふ化するまでに海にまで流れてしまわないほどの長い川が必要。日本では利根川でのみ繁殖定着している。
【その他】利根川には戦時中に中国・揚子江から移植された。日本ではほとんど食用にされない。

▲ アメリカなどさまざまな国に移植されている

ハクレン　コイ科 ハクレン属　*Hypophthalmichthys molitrix*

【分布】移植により利根川水系に繁殖定着。その他各地に移植（ただし1代かぎり）。原産地は中国大陸の大河川。その他の総合対策外来種。
【生態】植物プランクトン食に特化している。エラの内側にある鰓把が、微小なプランクトンを効率よくこしとれるように、スポンジ状に変化している。繁殖生態はソウギョに似る。川を遡上するときによくジャンプする。
【その他】ソウギョと同時期に中国から移植された。釣りの対象として人気がある。日本ではほとんど食用にされないが、中国では重要な食用魚。

モロコの仲間

小魚の代表

俗にモロコとよばれる小魚は雑多な系統を含む。ここでは4属を列挙した。属間の形態のちがいはわずかだが、しかし確固たるもので、慣れればまちがうことはない。しかし、スゴモロコ属各種を見分けることは難しい。スゴモロコをのぞき飼育は簡単で、水槽内で繁殖させることができる種もある。

カワバタモロコ *Hemigrammocypris neglectus*

コイ科　カワバタモロコ属
全長3〜5cm

- 背ビレは体のうしろのほうにつく
- ヒゲはない

成魚（4.5cm）

成魚 背面（4.1cm）
- 背ビレは体のうしろのほうにつく

タモロコ *Gnathopogon elongatus*

コイ科　タモロコ属
全長10cm

- 尾ビレの切れ込みは小さく、先は丸みを帯びる
- ヒゲが長い

成魚（9.3cm）

成魚 背面（8.1cm）

モツゴ *Pseudorasbora parva*

コイ科　モツゴ属
全長8cm

- 側線が完全
- ヒゲがない。口が上を向く

成魚（8.0cm）

ホンモロコ *Gnathopogon caerulescens*

コイ科　タモロコ属
全長14cm

- 体は細長い
- ヒゲは短く、目立たない
- 腹側は銀白色
- 尾の切れ込みが大きく、先がとがる

成魚（10.8cm）

コイ科

スゴモロコ　*Squalidus chankaensis biwae*

コイ科 スゴモロコ属
全長12cm

- 小斑点列
- 口先がとがる。ヒゲは長い
- 体は細長い
- 成魚（11.0cm）
- 成魚 背面（8.0cm）
- 背中には中心をのぞいて小斑点がない

コウライモロコ　*Squalidus chankaensis tsuchigae*

コイ科 スゴモロコ属
全長12cm

- 小斑点列
- 口先は丸みを帯びる。ヒゲは長い
- 成魚（9.1cm）
- 背中には中心をのぞいて小斑点がない
- 成魚 背面（7.6cm）

デメモロコ　*Squalidus japonicus*

コイ科 スゴモロコ属
全長10cm

- 頭のうしろの背中が盛り上がる
- 斑点列はきわめて不明瞭
- ヒゲが短い
- 側線鱗一枚一枚が黒く色づく。側線鱗の幅は普通
- 成魚（6.2cm）
- 背中には中心をのぞいて小斑点がない
- 成魚 背面（10.7cm）

イトモロコ　*Squalidus gracilis*

コイ科 スゴモロコ属
全長8cm

- 頭のうしろの背中が盛り上がる
- 斑点列がない
- ヒゲが長い
- 側線鱗一枚一枚が黒くはっきりと色づく。側線鱗が上下に幅広い
- 成魚（5.7cm）
- 背中には黒い小斑点が散らばる
- 成魚 背面（7.4cm）

47

モロコの仲間

コイ科

カワバタモロコ　コイ科 カワバタモロコ属　*Hemigrammocypris neglectus*

【分布】静岡県～岡山県までの本州太平洋側、瀬戸内側、四国東部の瀬戸内側、九州北部。日本固有種。種の保存法対象種(特定第二種)。
【生態】氾濫原、農業水路、ため池などにすむ。植物食。アオミドロなどの糸状藻類を好む。初夏に粘着性の卵を産む。1年で成熟する。
【その他】個人での採取は可能だが、譲渡や販売はできない。モロコとよばれるが、オイカワやワタカに近い。直線的に泳ぎ、するどく体をひるがえすところが、このことを思い起こさせる。飼育は容易。水草を茂らせた屋外の池で本種を飼育すると、自然繁殖することがある。よく似た種のヒナモロコ *Aphyocypris chinensis* は絶滅寸前。

モツゴ　コイ科 モツゴ属　*Pseudorasbora parva*

【分布】全国。東北以北ではおそらく移入（その他総合対策外来種）。朝鮮半島と中国大陸。
【生態】浅い湖沼、ため池などにすむ。4～5月に、流木など硬いものの表面に粘着卵を列状に産みつける。雄は卵を守る。付着藻類にかたよる雑食性。1年で成熟。オオクチバスなどがいない生息地では高密度にいることが多い。
【その他】口が小さく釣りにくい。未成魚は南蛮漬けやつくだ煮にすると美味。成魚は骨が硬くまずい。飼育は簡単。近縁種のシナイモツゴ *P. pumila* とウシモツゴ *P. pugnax* は絶滅危惧種。

タモロコ　コイ科 タモロコ属　*Gnathopogon elongatus*

【分布】静岡県以西の本州と四国。移入により各地。日本固有種。
【生態】農業水路、浅い湖沼、ため池などにすむ。モツゴと同時にいることが多いが、本種はやや流れのある場所を好む。4～6月の増水時に水草や冠水植物に卵を産みつける。雑食性。1年で成熟。
【その他】モツゴとは口のかたちとヒゲの有無で識別する。モツゴより口が大きく釣りやすく、小物釣りの入門に向く。おいしい。南蛮漬けやつくだ煮に向く。捕獲も飼育も簡単。近縁種で琵琶湖特産のホンモロコ *G. caerulescens* とは、体形、ヒゲの長さ、尾ビレの切れ込みや腹の着色の程度などで見分ける。

ホンモロコ　コイ科 タモロコ属　*Gnathopogon caerulescens*

【分布】琵琶湖特産。移植により各地のダム湖など。
【生態】琵琶湖の沖合を泳ぎ回り、動物プランクトンを喰う。このような生態と対応して、細長い体、銀白色の腹部、深い切れ込みの尾ビレなど、遊泳魚としての体制をそなえ、短いヒゲ、上向きの口、細かく数の多い鰓耙など、プランクトン食性に適応している。3～7月に、内湖の湖岸などの冠水植物に産卵。
【その他】甘露煮などにしてとてもおいしい。高級魚。産卵のため接岸してくる個体を専門に釣る「モロコ釣り」が琵琶湖の春の風物詩であったが、本種が激減するとともにすたれた。

スゴモロコ　コイ科 スゴモロコ属　*Squalidus chankaensis biwae*

【分布】琵琶湖特産。移入により霞ヶ浦など。
【生態】琵琶湖北湖の砂底にすむ。移入先でも砂底を好む。底生動物食。6〜7月に砂底で産卵する。次に解説するコウライモロコの湖沼型。
【その他】スゴモロコ属は小型の魚類だが、大型になるニゴイ属に近い仲間。いずれもあっさりした味で、白焼き、つくだ煮、南蛮漬けなどに向く。琵琶湖ではホンモロコの漁獲が低迷し、本種が代用品として流通するようになった。しかし、ウキブクロが大きいので、かさばってトロ箱あたりの重量が小さくなり、減収になっている。飼育困難。

コウライモロコ　コイ科 スゴモロコ属　*Squalidus chankaensis tsuchigae*

【分布】濃尾平野以西の本州太平洋側、瀬戸内側（琵琶湖をのぞく）。国外では朝鮮半島、中国東北部。
【生態】河川下流域の砂底にすむ。底生動物食。6〜7月の低水位時に、砂礫底の浅瀬で産卵する。河川環境が砂がちになるにともない、生息場所を広げている。
【その他】スゴモロコよりも鼻先が短く下向き、体が太短い、ヒゲが相対的に長く、先が瞳孔の位置に届くなどの点で異なる。専門の釣りの対象にはならないが、小物釣りの際にかかる。飼育は比較的容易。ただしスレに弱いので、持ち帰るときには塩水浴や薬浴を心がける。

デメモロコ　コイ科 スゴモロコ属　*Squalidus japonicus*

【分布】濃尾平野と琵琶湖－淀川水系。
【生態】濃尾平野では下流域の泥がちな農業水路やため池などに、琵琶湖では沿岸や内湖の砂泥底にすむ。底生動物食。5〜6月に砂泥底で産卵。
【その他】濃尾平野産の個体はイトモロコによく似ているが、短いヒゲ、側線鱗があまり上下に幅広くないことで見分ける。また、すみ場所が全く異なる。琵琶湖産はスゴモロコによく似るが、短いヒゲ、目の下が広いこと、頭の後方から高く盛り上がり体がやや平たいこと、体側の点列がほとんどなく銀白色味が少し強い点で見分ける。

イトモロコ　コイ科 スゴモロコ属　*Squalidus gracilis*

【分布】濃尾平野以西の本州、四国、九州北部。
【生態】河川中流域や農業水路の砂礫〜砂底にすむ。コウライモロコと重複しつつ上流よりに分布。泥底にすむデメモロコとはすみ場所が重複しない。底生動物食。初夏に砂底で産卵。
【その他】濃尾平野産のデメモロコとよく似ているが、ヒゲが長いこと、側線鱗が上下に幅広いこと、すみ場所が異なることで見分ける。川の小物釣りにかかることがある。群れをなしていることが多く、捕獲は簡単。スゴモロコ属の中で最もスレに強く、飼育も簡単。屋内水槽で抱卵するが、産卵に至ることは稀。

49

ニゴイの仲間

中～大型の底生魚

ニゴイの仲間は、日本では1属3種。いずれも釣りの対象にはほとんどならない。ニゴイとコウライニゴイは河川改修によって川から岩や石が除去され、砂がちの川底が広がったところをうまく利用してすみ場所を広げている。この意味で、河川環境悪化の指標になるかもしれない。

コイ科

ニゴイ *Hemibarbus barbus*

コイ科 ニゴイ属
全長50cm

- 口先が突き出る。口は下向きにつく
- 唇はうすい
- 成魚（38.5cm）
- 背ビレと尾ビレの斑紋はうすくぼやける
- 斑点列はうすい
- 未成魚（9.1cm）

コウライニゴイ *Hemibarbus labeo*

コイ科 ニゴイ属
全長50cm

- 口先が突き出る。口は下向きにつく
- 上下とも唇は分厚く、皮弁がある
- 成魚（48.0cm）
- 背ビレと尾ビレの斑紋はうすくぼやける
- 斑点列はうすい
- 未成魚（8.4cm）

ズナガニゴイ *Hemibarbus longirostris*

コイ科 ニゴイ属
全長20cm

- 口先が突き出る。口は下向きにつく
- 成魚（15.1cm）
- 背ビレと尾ビレにはくっきりとした小斑点がある
- くっきりとした斑点列
- 未成魚（7.7cm）

ニゴイの仲間

ニゴイ
コイ科 ニゴイ属
Hemibarbus barbus

【分布】琵琶湖以東の本州、山口県と九州北部。日本固有。
【生態】比較的大きな河川の中～下流域の砂礫や砂底にすむ。ユスリカなどの底生動物食。5～6月の増水時に河川本流の砂礫底の瀬でペア産卵する。稚魚は流域に広く拡散し、農業水路などにも多数入り込む。水路に拡散した個体は未成魚以降に本流に戻るか、途中に障害物があると戻ることができず死滅してしまうと思われる。
【その他】まずいと書かれている参考書もあるが、南蛮漬けにすると美味であった。小型個体の飼育は容易だが、油断するとやせてしまう。

◀ 名前は「似鯉」からきているが、よりとがったキツネ顔である

コウライニゴイ
コイ科 ニゴイ属
Hemibarbus labeo

【分布】濃尾平野以西～広島県の本州、四国。国外では朝鮮半島と中国大陸に広く分布。
【生態】ニゴイに似るが、より流れがゆるく砂の多い場所を好む傾向がある。食性、繁殖生態もほぼ同じ。
【その他】コウライニゴイ特有の、下唇の皮弁は10cm程度になるとできてくるので、このサイズになるとニゴイと見分けられるようになる。しかし小型個体の識別は難しい。ニゴイとともに、釣りの対象にされることはほとんどなく、むしろアユ釣りなどではじゃまもの扱いである。

◀ とがった顔つきから、関西では「キツネゴイ」とよばれる

ズナガニゴイ
コイ科 ニゴイ属
Hemibarbus longirostris

【分布】近畿地方以西の本州。国外では朝鮮半島と中国大陸に広く分布。
【生態】河川中流の淵尻～トロ場にかけての砂礫底の、底付近に定位している。カマツカのような模様と体形だが、着底することはない。ただし、驚くと砂中にもぐる。底生動物食。5～6月に、流れのゆるやかな瀬でペア産卵する。卵には強い粘着性があり、砂とともに互いに粘着しあってかたまりを作る。
【その他】生息地では低密度でいるので、まとまった数を獲ることは難しいが、飼育は容易。ただし、沈下性のエサが必要。水槽内で成熟し、繁殖行動を見ることもできる。稚魚を育てることも可能。

◀ 体側の黒い斑点が特徴的で、遠くからでもよく見える

51

コイ科

ヒガイの仲間／ムギツク

変な繁殖生態の魚

モツゴやタモロコに近い系統。ヒガイ類はイシガイ科二枚貝の中に産卵する。卵が入る場所はしかし、タナゴ類とは違い、外套膜と貝殻の間、アコヤガイなら真珠が作られるすき間である。ムギツクはオヤニラミなどの雄が卵を守っているところに群れで押しかけ、卵を食べ、空きスペースに産卵する托卵行動をする。

カワヒガイ *Sarcocheilichthys variegatus variegatus*

コイ科 ヒガイ属
全長13cm

尻ビレが前についている分だけ尾のつけ根が長い

尻ビレは背ビレ後端に近いところから始まる

♂ 成魚（11.2cm）

♀ 成魚（8.4cm）

ビワヒガイ *Sarcocheilichthys variegatus microoculus*

コイ科 ヒガイ属
全長18cm

尻ビレが後ろについている分だけ尾のつけ根が短い

尻ビレは背ビレ後端よりかなりうしろから始まる

♂ 成魚（12.8cm）

♀ 成魚（12.4cm）

ムギツク *Pungtungia herzi*

コイ科 ムギツク属
全長12cm

成魚では黒いスジはぼやける

1本のはっきりした黒い帯

ヒゲがある。口は正面を向く

成魚（10.2cm）

未成魚（3.2cm）

ヒガイの仲間／ムギツク

カワヒガイ
コイ科 ヒガイ属
Sarcocheilichthys variegatus variegatus

【分布】濃尾平野、琵琶湖流入河川、淀川水系、山陽地方、九州北部。
【生態】ワンドや農業水路などにすむ。杭のまわりや水草の間などを立体的に利用する。底生動物にかたよった雑食性。小型の巻貝類を好む。産卵期は4〜6月。トンガリササノハガイなどイシガイ科の二枚貝に卵を産む。
【その他】京都府宇治川では専門の釣りがあった。おいしい。飼いやすい。二枚貝とともに飼って繁殖させることもできるが、繁殖には人工授精のほうが確実。ビワヒガイより頭が丸く小さく、尾のつけ根が太くて長い。これは流水への適応。

◀ 繁殖期の雄はヒレと体が青黒くなり、追星を発達させる

ビワヒガイ
コイ科 ヒガイ属
Sarcocheilichthys variegatus microoculus

【分布】琵琶湖特産。移植により、霞ヶ浦、宮城県伊豆沼など各地。
【生態】湖岸の各所にすむ。移植先ではワンドや浅い湖沼など。泳ぎ方、食性、繁殖生態はカワヒガイに似る。砂底、礫底、岩礁部など環境に応じて変異がある。便宜的に短頭型を「トオマル」、長頭型を「ツラナガ」とよぶ。
【その他】おいしい。飼育は容易だが白点病に弱い。琵琶湖の岩礁部には腹面を含む全身が黄褐色のアブラヒガイ *S. biwaensis* がいるが絶滅寸前。本種とは遺伝マーカーでは識別できない。遺伝的交流があるか、種分化がごく最近のことなのであろう。

◀ 明治天皇が好んで食したことから「鰉」の字があてられた

ムギツク
コイ科 ムギツク属
Pungtungia herzi

【分布】琵琶湖流入河川、福井県以西の本州、四国東部、九州。国外では朝鮮半島。
【生態】河川中流域や農業水路にすむ。付着藻類にかたよった雑食性。初夏にオヤニラミ、ドンコ、ギギなどの産卵巣に托卵する。ムギツクの産卵は、これら托卵される魚種の産卵期が始まってから少しあとに行われる。ふ化仔魚の泳ぎは素早く、卵を守っている雄親から一目散に逃げ去る。
【その他】少し骨が硬いが、モツゴ成魚ほどではなくおいしい。托卵の際に追いたてられて傷つくことが多いせいか、スレにとても強いじょうぶな魚。飼育は簡単。

◀ 体側の黒い縦条は幼魚の時期にとくによく目立つ

カマツカの仲間

典型的な底生魚

日本産コイ科の中ではこのグループだけが、ドジョウ類のように、遊泳時以外は常に着底して生活する。そのため腹面が平らになっている。カマツカは比較的大型で、口が大きくヒゲがあり、唇に柔らかい小突起が密生する。ゼゼラは小型で口が小さく、ヒゲも唇の小突起もない。ツチフキは両者の中間。

コイ科

カマツカ *Pseudogobio esocinus*
コイ科 カマツカ属
全長25cm

- 背ビレの後縁がまっすぐか、または少しくぼむ
- ヒゲがある
- 口が大きく、小さく柔らかな突起がある

成魚（14.9cm）

- 鼻先が突き出る

成魚 背面（9.5cm）

未成魚（5.3cm）

ツチフキ *Abbottina rivularis*
コイ科 ツチフキ属
全長10cm

- 背ビレは丸みを帯びる
- ヒゲがある
- 口がやや大きく、小さな柔らかな突起がある

成魚（9.3cm）

- 鼻先は丸い

成魚 背面（6.8cm）

未成魚（2.1cm）

✲ 砂にもぐる カマツカ

コイ科魚類では、カマツカ、ツチフキ、ズナガニゴイの3種は驚いたときなどに砂にもぐる。砂にもぐると、背中の模様が見事な保護色となって、見つけにくい。

▲ 砂にもぐるカマツカ

▲ 川の砂泥底にいるカマツカ

ゼゼラ *Biwia zezera*
コイ科 ゼゼラ属
全長6cm

- 背ビレの後縁がまっすぐか、または少しくぼむ
- ヒゲがない。口が小さい
- 体は細長い。背ビレからうしろがとくに細長い

♂ 成魚 (5.5cm)

成魚 背面 (4.8cm)

♀ 成魚 (6.2cm)

ヨドゼゼラ *Biwia yodoensis*
コイ科 ゼゼラ属
全長6cm

- 背ビレは丸みを帯びる
- ヒゲがない。口が小さい
- 体は太い。背ビレからうしろがとくに太い

♂ 成魚 (5.8cm)

未成魚 背面 (3.1cm)

♀ 成魚 (5.8cm)

55

カマツカの仲間

① よく砂にもぐるためスナムグリなどともよばれる
② 顔はとがり、口は下を向く
③ 全長3cmほどの稚魚

カマツカ　コイ科 カマツカ属　*Pseudogobio esocinus*

【分布】静岡県以西の本州、四国、九州。近縁種を含めると青森県まで。
【生態】中流域、農業水路、琵琶湖の砂底にすむ。大きな口で砂を吸い込みながら前進しつつ底生動物を喰う。よく砂にもぐる。5～7月の夜間に平瀬でペア産卵する。卵は広範囲に流下しつつ砂礫や藻類に付着する。全長25cm以上に達する。

【その他】最近、(1) 本種、(2) 本州の伊勢湾と瀬戸内海流入河川上流にすむナガレカマツカ（*P. agathonectris*）、(3) 本州東部に分布するスナゴカマツカ（*P. polystictus*）の3種に分けられた。(1) は中国東北部にいる*P. longirostris*に近い。美味。飼育の際には遊泳魚といっしょにすると餌をとれなくなってしまう。

① 成熟した雄。背ビレが大きく発達する
② 成熟した雄の胸ビレ前縁に見られる追星
③ 全長3cmほどの稚魚

ツチフキ　コイ科 ツチフキ属　*Abbottina rivularis*

【分布】近畿以西の本州と九州北部。移入により各地。国外では朝鮮半島と中国大陸。
【生態】下流域のワンドや農業水路などの砂泥底にすむ。めったに砂にもぐらない。底生動物にかたよった雑食性。4～6月に雄が泥底にすり鉢状の巣を作り雌に産卵させ、その後卵を保護する。卵は寒天質に覆われ、さらに細かい砂が多量に付着している。全長10cm程度。

【その他】カマツカに似るが、大きくならず、頭が丸みを帯び、口が小さいことなどにより見分ける。飼育の際には遊泳魚といっしょにすると餌をとれずにやせてしまうので気をつけたい。

コイ科

▲ 全身が黒ずんだ繁殖期の雄

ゼゼラ　コイ科 ゼゼラ属　*Biwia zezera*

【分布】濃尾平野、琵琶湖－淀川水系（淀川には少ない）、岡山平野、九州北部。移入により霞ヶ浦、宮城県伊豆沼など各地。日本固有。
【生態】琵琶湖岸、下流域のワンドなどの砂底〜砂泥底にすむ。植物破片とそのまわりの微細藻類や原生動物群（まとめてデトリタスという）を喰う。5〜7月に冠水植物の根元に寒天質に覆われた卵を産みつけ、雄が保護する。全長5cm程度。
【その他】まとまって獲れ、美味なのでつくだ煮などに利用される。飼育は困難。スレにきわめて弱く、水槽収容後数日のうちにバタバタ死んでしまうことも多い。琵琶湖南湖と淀川水系には近縁種ヨドゼゼラ *B. yodoensis* がいる。

▲ 繁殖期の雄

ヨドゼゼラ　コイ科 ゼゼラ属　*Biwia yodoensis*

【分布】琵琶湖南湖と淀川水系特産。
【生態】ワンドや内湖の砂底〜砂泥底にすむ。その他の生態はゼゼラに似る。かつては淀川下流域のワンドにふつうに見られたが、オオクチバスなどの拡散と、水位変動がほとんどなくなったことにより激減した。
【その他】2010年に新種記載された。それまではゼゼラと混同されていた。ゼゼラとは体が太短く、背ビレの縁が丸みを帯びる（とくに雄）などにより識別できる。食用にされることはほとんどない。ゼゼラよりもスレに強いが、飼育は難しい。本種だけで飼育し、小粒で沈下性の餌を十分に与えないとやせてしまう。

ウグイの仲間

河川中流域の中～大型魚

オイカワやワタカなどが東アジアで繁栄したグループの一員とすれば、ウグイの仲間はヨーロッパ～シベリア～北米と、北極を取り巻くように分布するグループの一部。コイ科としては例外的に海に降りるものがいる。シベリアにすむ魚食性の *Pseudaspius* に、一部の種が近縁とわかり、属を変更した。

ウグイ　*Pseudaspius hakonensis*

コイ科　ウグイ属
全長35cm

側面に赤と黒の縦縞が交互にある

尻ビレの縁がわずかにくぼむ

♂ 成魚 婚姻色（25.9cm）

尾ビレつけ根のウロコのかぶったところにシミがある（稚魚～未成魚）

尻ビレの縁がわずかにくぼむ

未成魚（5.1cm）

エゾウグイ　*Pseudaspius sachalinensis*

コイ科　ウグイ属
全長25cm

尾ビレのつけ根が太い

明瞭な婚姻色が現われない

尻ビレの縁は直線か、わずかに丸みを帯びる

♂ 成魚（28.1cm）

尻ビレの縁は直線か、わずかに丸みを帯びる

未成魚（14.5cm）

ジュウサンウグイ　*Pseudaspius brandtii brandtii*

コイ科　ウグイ属
全長40cm

側面から背にかけて一様に黒っぽくなる

♂ 成魚 婚姻色（41.5cm）

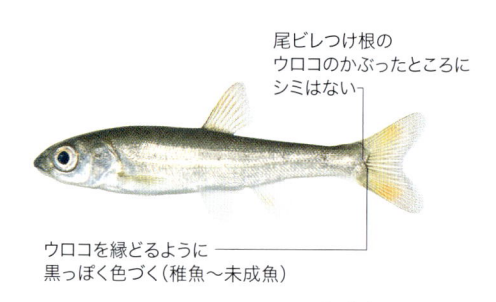

尾ビレつけ根のウロコのかぶったところにシミはない

ウロコを縁どるように黒っぽく色づく（稚魚～未成魚）

未成魚（5.7cm）

ウグイの仲間

ウグイ
コイ科 ウグイ属
Pseudaspius hakonensis

【分布】 南西諸島と小笠原を除くほぼ全国。国外では朝鮮半島とロシア沿海州。

【生態】 渓流から河口まで広くすむ。ただし、瀬戸内海流入河川下流部など、他のコイ科淡水魚の種が多い場所には少ない。雑食性。4～5月ごろに中～上流の瀬の礫底で産卵。海へ下り、大きく成長して春に川をさかのぼって産卵するものがいる。

【その他】 東日本では重要な釣りの対象魚。信州など内陸部では食用としても重要。ただし美味ではなく調理には工夫が必要。一夜干しにしたり、塩焼きでは焼いたあと、いったん冷ましてから温めなおすなどするとよい。

◀ 繁殖期には体側に3本の赤いスジが目立つようになる

エゾウグイ
コイ科 ウグイ属
Pseudaspius sachalinensis

【分布】 福島県以北の北日本。国外ではサハリンに分布。

【生態】 海に下りるタイプはいない。河川の上～中流域の流れのゆるやかなところに多い。冷たい水を好む。産卵期は春～夏。寿命は数年。ウグイよりやや小型。雑食性。

【その他】 釣りや食用としてあまり利用されない。北海道の川では、ウグイ属の3種が同じ場所でほぼ同時に産卵し、互いに交雑している場所がある。しかし、雑種の生き残る確率が低いなどの理由により、3種の独立性は保たれている。

◀ 繁殖期であっても、赤い部分はエラの下、胸ビレ、腹ビレ、尻ビレの基部などのみ

ジュウサンウグイ
コイ科 ウグイ属
Pseudaspius brandtii brandtii

【分布】 富山湾と青森県以北の沿岸と河川下流域。国外では朝鮮半島東部とロシア沿海州。

【生態】 幼魚の時期に海へ下り、成長して春に川をさかのぼる遡河回遊魚。川へ遡上したあと、4～5月ごろに中～下流域の瀬の礫底で産卵。ウグイより大型になる。雑食性。寿命は数年。

【その他】 本州太平洋側（岩手県～東京湾）のものは形態的にも（ウロコが粗い）、遺伝的にも差があることが知られており、別亜種マルタ（*P. brandtii maruta*）に分類された。マルタは大物が釣れるうえに、ウグイより引きが強いので、多摩川や宮城県広瀬川などで釣りの対象として人気がある。ジュウサンウグイはあまり釣りの対象にされない。

◀ 繁殖期の赤いスジは、腹側の1本のみ

59

アブラハヤの仲間

河川最上流や湧水域の小魚

ウグイに近い、北極を取り巻くように分布するグループの一員。サケ科ほどではないが、冷たい水を好み、西南日本で真夏に室内で飼育することは難しい。大型にならず、せいぜい全長15cmまで。ウロコが細かく、体表はぬめりが強くなめらか。

アブラハヤ *Rhynchocypris lagowskii steindachneri*
コイ科 アブラハヤ属
全長13cm

タカハヤ *Rhynchocypris oxycephalus jouyi*
コイ科 アブラハヤ属
全長10cm

アブラハヤ
- 側面に太い縦縞が一本あり、その上のウロコに黒っぽいシミができる
- 尾ビレのつけ根は細い
- 尾ビレのつけ根のウロコがかぶったところに暗色のシミ

♂ 成魚（13.5cm）

タカハヤ
- 尾ビレのつけ根は太い。寸胴な印象
- 暗色のシミがあるウロコが多く、ガサガサした印象
- ウロコを縁どるように黒っぽく色づく

成魚（11.7cm）

♀ 成魚（13.8cm）

成魚（6.9cm）

暗色のシミがあるウロコが少なく、つるんとした印象
稚魚（3.3cm）

暗色のシミがあるウロコが多くガサガサした印象
稚魚（3.5cm）

コイ科

アブラハヤの仲間

▲ アブラハヤの産卵集団

アブラハヤ　コイ科　アブラハヤ属　*Rhynchocypris lagowskii steindachneri*

【分布】 岡山県と福井県以東の本州。別亜種が朝鮮半島東部、中国東北部、ロシア沿海州に分布。
【生態】 河川中流のゆるやかな流れ、農業水路、ワンドなど。タカハヤよりも下流域を好む。暖かい地方では湧水混じりの場所に多い。動物性にかたよった雑食性。産卵期は春〜夏。荒い砂底に体ごと突っ込み、卵を埋め込む。
【その他】 口が大きいので釣りの入門に向いている。まずいので食用には向かない。横浜市近辺ではタカハヤの意図的な放流によりアブラハヤの分布が乱れ、交雑もしていることが知られている。

① 未成魚の群れ
② 物陰に隠れる習性が強い
③ タカハヤの顔

タカハヤ　コイ科　アブラハヤ属　*Rhynchocypris oxycephalus jouyi*

【分布】 富山県と静岡県以西の本州、四国、九州、五島列島、対馬。別亜種が朝鮮半島西部、中国に分布。
【生態】 河川上流の淵にすむ。せまい場所でもすめるので、ヤマメなどのいない滝の上流にもいることがある。アブラハヤも分布する河川では、アブラハヤよりも上流に多い。食性、繁殖生態などはアブラハヤに似る。
【その他】 釣りや食用になることはほとんどないが、アブラハヤと同様、釣りの入門に向く。塩焼きにすると、あっさりした味。アブラハヤやウグイの仲間は原則的に北方のすずしい地域の魚だが、本種は例外的に中国南部までいる。

ドジョウの仲間

小型の底生魚。日本産の種はすべてヒゲを持つ。ふだんは水底に腹をつけて静止してすごし、泳ぐときにだけ体を浮かせる。日本には外来種2種を含めて29種・亜種が知られている。近年、一つの種を分けて新種として報告するケースが続出している。種の数はまだまだ増えそうな情勢である。ここでは、比較的よく見られる15種・亜種を収録した。

ドジョウ類の見分けかた

どれも小魚なので、ちがいがわかりにくく、見分けにくい。ここで収録したものは2亜科4属に分類される。そこでまず、属を見分けてから、属の中の各種を見分ける。

✶ 属の識別──顔つき、尾ビレの形を手がかりに

［ドジョウ属］

丸顔である。ひたい（目と目の間）も丸く盛り上がる。長いヒゲ6本が放射状に伸びてよく目立ち、さらに下あごに2本の下向きのヒゲがある（合計8本）。

尾ビレの後縁は丸い。

［シマドジョウ属］

ほっそりした顔。鼻先の幅がとくにせまい。ヒゲ6本が見えるが、ドジョウ属にくらべてかなり短く目立たない。

尾ビレの後縁はまっすぐに切り落としたよう。尾ビレつけ根に2つの黒色斑点。

［ホトケドジョウ属］

上下に押しつぶした顔。頭の高さより横幅が広い。ひたいは平ら。口のまわりに放射状にヒゲが6本あり、さらに左右の鼻からも1本ずつ、合計8本がよく目立つ。

尾ビレの後縁は丸い。

［フクドジョウ属］

頭の高さと横幅が同じぐらい。ひたいは平ら。鼻先はとがる。6本の長いヒゲが斜めうしろに向いてはえている。

尾ビレの後縁はまっすぐに切り落としたよう。尾ビレのつけ根に黒っぽくぼやけたシミがある。

ドジョウの仲間 ①
ドジョウ／カラドジョウ

名のとおり泥底にすむ

「泥鰌」と書いて、ドジョウと読む。水田などの泥っぽいところにいる。人里の魚の代表。食用や釣りの餌としても重要。国内産では到底まかなえないため、中国などから大量に輸入され、それが野外に逃げて拡散している。あなたのまわりにいるドジョウは、すでに日本原産ではないかもしれない。

ドジョウ *Misgurnus anguillicaudatus*
ドジョウ科 ドジョウ属
全長15cm

体に明瞭な斑紋がない。全体に茶色味を帯びる

成魚（10.8cm）

▲ ドジョウの顔

雄の胸ビレは大きくしっかりしている

♂ 成魚 背面（11.7cm）

♀ 成魚 背面（12.5cm）

カラドジョウ *Misgurnus dabryanus*
ドジョウ科 ドジョウ属
全長15cm

▲ カラドジョウの顔

尾のつけ根の上下が、膜状になっていて幅広い

ヒゲが長い

成魚（11.2cm）

63

ドジョウの仲間 ②
シマドジョウ類／ヤマトシマドジョウ

さらっとした流れにいる

ドジョウ類は茶色く地味な、泥底の魚だと思われる向きもあるが、川の砂底にいる斑紋の美しいグループもいる。そのうち雄成魚の骨質板が細長いシマドジョウ類は、東日本の小型のもの（ヒガシシマドジョウ）、西日本の大型に育つもの（ニシシマドジョウなど）など4種に分かれることがわかった。

ニシシマドジョウ　*Cobitis* sp. BIWAE type B

ドジョウ科　シマドジョウ属
全長12cm

- カスリ模様
- クリーム色の地肌に青黒い点列の斑紋
- 上は半円形の大きな黒点、下は三日月状の斑紋。上下は深部でつながる

♂ 成魚（7.5cm）

- 背中の斑紋と斑紋のすき間の幅は、斑紋そのものと同じか、より広い

♀ 成魚 背面（8.3cm）

ヒガシシマドジョウ　*Cobitis* sp. BIWAE type C

ドジョウ科　シマドジョウ属
全長8cm

- 細かいカスリ模様
- 2つの小斑点。上下は深部でつながる

♂ 成魚（5.8cm）

- 背中の斑紋と斑紋のすき間の幅は、斑紋そのものと同じくらい

♀ 成魚 背面（7.2cm）

ヤマトシマドジョウ　*Cobitis* sp. 'yamato'

ドジョウ科　シマドジョウ属
全長13cm

- 2〜4列の弧状のバンド（カスリ状）
- クリーム色の地肌に黒い斑紋
- 上は半円形の大きな黒点、下は三日月状の斑紋。上下は深部でつながる

♂ 成魚（8.3cm）

- 背中の斑紋と斑紋のすき間の幅は、スジシマドジョウ類よりやや広いが、シマドジョウ類より明らかにせまい

♀ 成魚 背面（8.5cm）

✳ ドジョウ類（ドジョウ属とシマドジョウ属）の尾ビレ付近の斑紋

これらは種・亜種ごとに固有のパターンを示すので、見分けるときのキーポイントになる。右上に表層の、左下に深部のパターンをずらして示す。深部の斑紋は、光にすかすと見える。

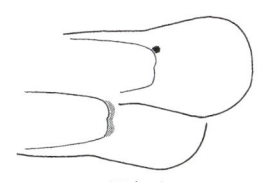

ドジョウ

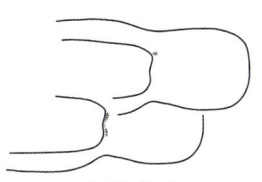

カラドジョウ

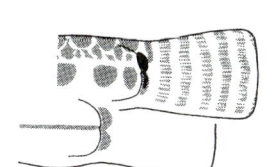

山陰地方を除く地域の
ニシシマドジョウ
およびヤマトシマドジョウ

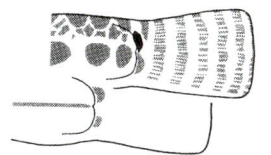

山陰地方の
ニシシマドジョウ

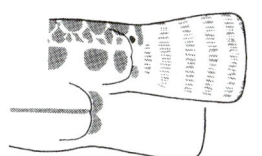

ヒガシシマドジョウ

チュウガタスジシマドジョウ

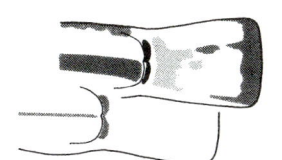

オオガタスジシマドジョウ

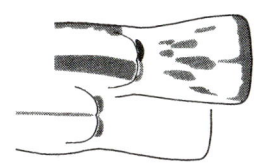

ビワコガタスジシマドジョウ

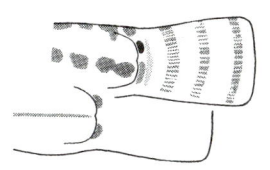

トウカイコガタスジシマドジョウ

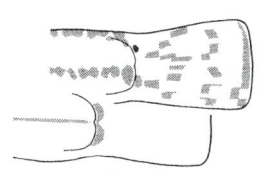

サンヨウコガタスジシマドジョウ

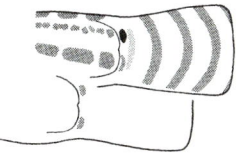

アリアケスジシマドジョウ

図出典：川那部浩哉ほか編、監修『山溪カラー名鑑　日本の淡水魚』（山と溪谷社、2001年）に加筆。

✳ シマドジョウ属の見分けかた

本書に掲載したものにかぎると、雄成魚の胸ビレにある骨質板と体側面の斑紋パターンの組み合わせで、シマドジョウ類、スジシマドジョウ類、ヤマトシマドジョウに大別される。

シマドジョウ類：
雄胸ビレの骨質板は細長く先がとがる。背中の斑紋はまばらで、斑紋そのものとほぼ同じか、より広いすき間がある

スジシマドジョウ類とヤマトシマドジョウ：
雄胸ビレの骨質板は丸い。背中の斑紋はつまってならぶか、またはつながってスジになる

ドジョウの仲間 ③
スジシマドジョウ類

すみ場所はドジョウとシマドジョウ類の間

ドジョウよりも流れがあり砂がちで、シマドジョウ類（ヒガシシマドジョウを除く）よりも流れのゆるい場所を好む。農業水路をおもなすみ場所にしているものも多い。読んで字のごとく、体側面の斑紋が多かれ少なかれスジ（帯）状になっている。雄成魚の骨質板は丸い。10種・亜種以上に分けられる。

チュウガタスジシマドジョウ　*Cobitis striata striata*

ドジョウ科　シマドジョウ属
全長10cm

- 体の前方はスジ、後方はしばしば点列
- 2〜3本の同心円状のバンド。後縁は色づかないことが多い
- 楕円、またはコンマ状の黒点
- 黄色っぽいクリーム色の地肌に、茶色の縞模様
- うすい色の点
- 上下の点の間は黒く色づかない

♂ 成魚（8.3cm）

- 背中の斑紋と斑紋のすき間の幅は、斑紋そのものよりせまい
- 大きな個体では、背中の斑紋がくずれて両わきにスジのようになることがある

♀ 成魚 背面（10.2cm）

オオガタスジシマドジョウ　*Cobitis magnostriata*

ドジョウ科　シマドジョウ属
全長13cm

- 上下の黒点がつながる
- クリーム色の地肌に、黒い縞模様。ほぼ完全なスジ
- 黒い縁取り

♂ 成魚（9.1cm）

- 背中の斑点も前後につながってスジになる傾向

♀ 成魚 背面（9.5cm）

ビワコガタスジシマドジョウ　*Cobitis minamorii oumiensis*

ドジョウ科　シマドジョウ属
全長8cm

- 上下の黒点がつながる
- クリーム色の地肌に赤黒い縞模様。ほぼ完全なスジ
- 黒く縁取ることが多い

♂ 成魚（6.4cm）

- 背中に斑点が密にならぶ。スジになる傾向も

♀ 成魚 背面（5.1cm）

サンヨウコガタスジシマドジョウ *Cobitis minamorii minamorii*

ドジョウ科 シマドジョウ属
全長7cm

緑色を帯びた
うすい灰色の地肌に、
鉛色の斑紋。破線状

1～2列の
不完全なバンド

上は黒色の小黒点、
下は不定形の斑紋。
上下は深部で
細い線状につながる

縁取りがあることが多い

♂ 成魚（5.0cm）

背中に細かい斑点が
密にならぶ

♀ 成魚 背面（6.4cm）

トウカイコガタスジシマドジョウ *Cobitis minamorii tokaiensis*

ドジョウ科 シマドジョウ属
全長7cm

ピンクを帯びた
うすい灰色の地肌に
鉛色の斑紋

上は楕円形の黒色斑、
下は褐色斑。
間は着色しない

カスリ紋様

♂ 成魚（5.6cm）

産卵期の雄はスジ、
雌は点列

♀ 成魚（7.4cm）

背中に斑点が密にならぶ

♀ 成魚 背面（6.3cm）

アリアケスジシマドジョウ *Cobitis kaibarai*

ドジョウ科 シマドジョウ属
全長9cm

クリーム色の地肌に
赤茶～灰茶の斑紋。
産卵期の雄はスジ、雌は点列

3～4列の弓状のバンド。
縁取りはない

♀ 成魚（6.5cm）

♂ 成魚（6.4cm）

♂ 成魚 背面（5.2cm）

背中に斑点が密にならぶ

67

ドジョウの仲間 ④
ホトケドジョウの仲間／フクドジョウ

上下に押しつぶしたような体形

体が上下に押しつぶされたようになっている。その傾向は頭部でよりはっきりしている。このため口が横に広い。また少し前を向いて大きく開く。その関係で、この仲間には小動物食のものが多い。日本産の種はいずれも涼しい気候に適応しているが、この仲間は東南アジアなど熱帯域にもいる。

ホトケドジョウ *Lefua echigonia*
ドジョウ科　ホトケドジョウ属
全長6cm

- 鼻からヒゲがはえる。ヒゲは6本＋鼻から2本
- 背ビレは腹ビレよりうしろにある
- 尾ビレの先は丸い
- 頭は上下に押しつぶしたようなかたち。口は横に広い

成魚（6.3cm）

- ウキブクロが黒っぽいシミのように透けて見える

未成魚（2.3cm）

ナガレホトケドジョウ *Lefua torrentis*
ドジョウ科　ホトケドジョウ属
全長6cm

- 目から口先に向けてななめの線
- 背ビレはホトケドジョウよりも体のうしろのほうにつく
- ホトケドジョウよりも体が細長い

成魚（6.4cm）

エゾホトケドジョウ *Lefua nikkonis*
ドジョウ科　ホトケドジョウ属
全長7cm

- 黒いシミがある。体側のスジとつながる

成魚（7.3cm）

フクドジョウ *Barbatula oreas*
ドジョウ科　フクドジョウ属
全長18cm

- 雄は一様に暗い色
- 尾ビレの先はまっすぐ
- ヒゲは6本。口は横に広い

♂ 成魚（13.7cm）

- 雌と未成魚にはサバの背のような斑紋

♀ 未成魚（7.1cm）

ドジョウの仲間

ドジョウ
ドジョウ科 ドジョウ属
Misgurnus anguillicaudatus

【分布】ほぼ日本全国。国外では韓国と中国大陸。
【生態】水田や湿原の泥底にすむ。雑食性。産卵期は5～8月。水田地帯では、代かきと同時に水田に侵入し、しばらく育ち水田中で夜間に産卵。1年で成熟。腸呼吸や皮膚呼吸をする。
【その他】食用として人気。飼育は簡単。輸入個体が野外に拡散し、遺伝子汚染を広く起こしている。水鳥の保護を標榜しつつ意図的に放流されることもあるので、やっかい。北日本や南西諸島にいるものの一部は別種（それぞれキタドジョウ *M. chipisaniensis* とシノビドジョウ *M. amamianus*）。石川県や北海道にはクローン繁殖する3倍体がいる。

◀ 泥に口を突っ込み、餌を探している

カラドジョウ
ドジョウ科 ドジョウ属
Misgurnus dabryanus

【分布】その他の総合対策外来種。移入により各地。分布を拡大しつつある。韓国と中国大陸原産。
【生態】ドジョウよりも、やや流れがあり、底に砂が混じるようなところを好む。食性や繁殖生態はドジョウに似る。
【その他】食用になるが、ドジョウより骨が硬い。飼育は容易だがドジョウよりも弱い。ドジョウと同様に輸入された個体が逃げ出して拡散している。ドジョウとは交雑しないので、ドジョウへの遺伝子汚染は起きていないとみられる。しかし、本種はドジョウと競争関係にあると考えられるので、生態的な影響があるかもしれない。

◀ 中国などさまざまな地域から輸入されている

ニシシマドジョウ
ドジョウ科 シマドジョウ属
Cobitis sp. BIWAE type B

【分布】本州中部の、琵琶湖水系と三重県木津川以東、静岡県と富山県以西。山陰地方の、兵庫県円山川～島根県斐伊川。日本固有。
【生態】中流域の砂底〜砂礫底にすむ。雑食性。産卵期は4～6月。筋肉質で遊泳力があり、すくい取ると網の中でよく飛びはねる。
【その他】西日本にいる、大型に育つもののうちの1種。染色体数48本。本州と四国の若狭湾、瀬戸内海、紀伊水道の流入河川（琵琶湖水系と木津川上流をのぞく）、京都府由良川、広島県と島根県江川、高津川にいるオオシマドジョウ *C.* sp. BIWAE type A（染色体数96本）は形態では識別不可能。

◀ 主に西日本に生息する。写真は野洲川産

ドジョウの仲間

ドジョウ科

ヒガシシマドジョウ
ドジョウ科　シマドジョウ属
Cobitis sp. BIWAE type C

【分布】静岡県と富山県以東の本州。日本固有。
【生態】丘陵地帯にある谷津田周辺の細流、小規模河川または支流の砂底〜砂礫底にすむ。大河川の本流には少ない。雑食性。産卵期は4〜6月。水田付近の細流で産卵し、小型で成熟する。筋肉は比較的力強い。
【その他】ニシシマドジョウとの分布の境界ははっきりしない。染色体数48本。日本海側の、富山県〜新潟県のものは、遺伝子の一部にニシシマドジョウのものを持つ。過去にニシシマドジョウと交雑したことがあったのだろう。遊泳魚と共存させなければ、飼育は容易。

◀ 関東地方のものは比較的小型である

ヤマトシマドジョウ
ドジョウ科　シマドジョウ属
Cobitis sp. 'yamato'

【分布】山口県西部と九州。日本固有。
【生態】河川中流域の砂底〜砂礫底にすむ。雑食性。産卵期は4〜6月。大型に育ち、筋肉は力強い。
【その他】雄成魚の骨質板は丸い。染色体数98本、94本、90本、86本、82本のタイプがいる。それぞれ山口県の日本海側、山口県西部と福岡県瀬戸内側、遠賀川水系、有明海流入河川、博多湾流入河川に分布する。将来は種か亜種に細分される可能性がある。いずれも4倍体。2倍体（染色体数48〜50本）のシマドジョウ類とスジシマドジョウ類との交雑個体が染色体を倍加させて成立した。飼育は容易だが、油断するとやせてしまう。

◀ いくつかのグループが知られる。写真は那珂川産

チュウガタスジシマドジョウ
ドジョウ科　シマドジョウ属
Cobitis striata striata

【分布】琵琶湖水系をのぞく瀬戸内海流入河川（山口県島田川以東）、和歌山県紀ノ川、徳島県吉野川、京都府由良川、広島県江川。日本固有。
【生態】中〜下流や農業水路の砂底にすむ。雑食性。5〜7月に河川や水路付近の細流が田植えの時期や梅雨期に冠水すると、昼間に遡上して夜間に泥底で産卵する。卵膜をのぞく卵径（卵黄径）は約1mm。2年で成熟する。未成魚の筋肉は弱々しい。
【その他】以前は中型種族（中型種）とよばれていた。染色体数50本の2倍体。遊泳魚と共存させなければ飼育は簡単。屋内水槽で雌を成熟させることはやや難しい。

◀ スジシマドジョウ類では最も分布が広い。写真は姫路市産

オオガタスジシマドジョウ
ドジョウ科 シマドジョウ属
Cobitis magnostriata

【分布】琵琶湖水系と福井県三方湖（絶滅）。日本固有。
【生態】琵琶湖岸の砂底にすむ。雑食性。産卵期は4〜6月。湖岸に流入する水路にのぼり、底に卵をばらまく。卵径（卵黄径）は約1.1mm。2〜3年で成熟する。大型に育つうえ、スジシマドジョウ類の中では筋肉質で、すくい取ると網の中でよく飛びはねる。
【その他】以前は大型種族（大型種）とよばれていた。染色体数98本の4倍体。2倍体（染色体数48〜50本）のシマドジョウ類とスジシマドジョウ類との交雑個体が染色体を倍加させて成立した。飼育は容易だが、油断するとやせてしまう。

◀ 太くがっしりしており、全長では10cmを超える

ビワコガタスジシマドジョウ
ドジョウ科 シマドジョウ属
Cobitis minamorii oumiensis

【分布】琵琶湖水系固有。
【生態】オオガタスジシマドジョウに似るが、産卵期が遅く（5〜7月）、産卵場所は水田である。ふ化後約1ヶ月で稚魚になるころから、農業水路を通じて琵琶湖へ次第に流下し始める。卵径（卵黄径）は約0.9mm。雄は1年で、雌は2年で成熟する。体が小さく、筋肉は弱々しい。すくい取ると網の中でくたっとしていることが多い。
【その他】以前は琵琶小型種族（小型種琵琶湖型）とよばれていた。染色体数50本の2倍体。短命で長期飼育は困難。屋内水槽で雌雄ともに成熟するが、雌が排卵して自然繁殖することは稀。

◀ 近年、減少が著しく、見かけることは稀

サンヨウコガタスジシマドジョウ
ドジョウ科 シマドジョウ属
Cobitis minamorii minamorii

【分布】岡山県吉井川〜広島県芦田川。日本固有。
【生態】平野部の農業水路にすむ。雑食性。産卵期は6〜7月。田植えに合わせて水路から水田にさかのぼり産卵するため、他の時期に産卵することは稀。ふ化後1〜3ヶ月、水田中ですごす。卵径（卵黄径）は約0.9mm。雌雄ともに1年で成熟。産卵後ほとんど死亡する。体が小さく筋肉も弱々しい。
【その他】低い遊泳力のため、農業水路の改変の影響を受けやすく、激減した。以前は小型種族（小型種山陽型）とよばれていた。染色体数は雄では49本、雌では50本で、性染色体がある。遊泳魚と共存させなければ飼育は簡単。屋内水槽で成熟する。

◀ 繁殖は一時水域に入り込んで行う

71

ドジョウの仲間

トウカイコガタスジシマドジョウ
ドジョウ科 シマドジョウ属
Cobitis minamorii tokaiensis

【分布】静岡県西部（太田川）～三重県の伊勢湾流入河川。日本固有。
【生態】生態はサンヨウコガタスジシマドジョウに似るが、河川本流にもいる。卵径（卵黄径）は約0.9mm。雌雄ともに1年で成熟。河川本流のものは農業水路のものより長生きとみられ、大きく育つ。筋肉は弱々しい。
【その他】以前は東海小型種族（小型種東海型）とよばれていた。染色体数50本の2倍体。遊泳魚と共存させなければ飼育は簡単。屋内水槽で雌雄ともに成熟するが、雌が排卵して自然繁殖することは稀。

◀ 本流よりも農業水路に多く生息する。写真は揖斐川水系産

アリアケスジシマドジョウ
ドジョウ科 シマドジョウ属
Cobitis kaibarai

【分布】有明海流入河川。日本固有。
【生態】トウカイコガタスジシマドジョウに似ると思われるが詳細は不明。卵径（卵黄径）は約0.9mm。筋肉は弱々しい。
【その他】以前は小型種九州型とよばれていた。染色体数50本の2倍体。この図鑑に掲載しなかった、サンインコガタスジシマドジョウ *C. minamorii saninensis*（山陰地方）、オンガスジシマドジョウ *C. striata fuchigamii*（遠賀川水系）、ハカタスジシマドジョウ *C. s. hakataensis*（博多湾流入河川）は形態ではほとんど見分けられないが、分布域が異なる。遊泳魚と共存させなければ飼育は簡単。

◀ 農業水路などにすむ

ホトケドジョウ
ドジョウ科 ホトケドジョウ属
Lefua echigonia

【分布】青森県を除く東北地方～三重県、京都府、兵庫県。日本固有。
【生態】丘陵地帯にある谷津田周辺の細流などにすむ。水生昆虫など小動物を喰う。産卵期は3～6月。水生植物や落ち葉などに卵を付着させる。泳ぎのゆっくりした魚で、網ですくい取ると、くたっとしていることが多い。他のドジョウ類よりもウキブクロが大きく軽いので、中層をよく泳ぐ。
【その他】じょうぶで飼いやすい。涼しいところにすむが、高水温にも強い。水草を茂らせると、屋内水槽で自然産卵し、仔稚魚が育つ。

◀ 各地で減少が著しい。写真は豊川水系産

ナガレホトケドジョウ
ドジョウ科 ホトケドジョウ属
Lefua torrentis

【分布】本州と四国の瀬戸内海東部流入河川、京都府日本海側、福井県。日本固有。

【生態】丘陵地帯にある谷戸の、谷津田があるところよりも上流の細流にすむ。樹木に覆われて昼間でも薄暗く、水量がわずかしかない場所の、礫の間にひそむ。小動物を喰う。春季に水温が13〜16℃のときに産卵する。ホトケドジョウにくらべて中層を泳ぐことは少ない。

【その他】生息地がかぎられているので保護対策が必要。高水温に弱い。涼しいところで飼えば、自然産卵もする。静岡西部〜愛知東部にはよく似たトウカイナガレホトケドジョウ *L. tokaiensis* がいる。

◀ 体に斑紋のあるタイプと、ないタイプとがいる

エゾホトケドジョウ
ドジョウ科 ホトケドジョウ属
Lefua nikkonis

【分布】北海道。移入により青森県に分布。よく似たものは朝鮮半島、中国東北部、ロシア沿海州、サハリンなどに分布。

【生態】湿原を流れる細流などにすむ。小動物を喰う。産卵期は春〜夏。ウキブクロが大きく軽いので、中層をよく泳ぐ。

【その他】外国産で近縁なヒメドジョウ *L. costata* が移入により長野県、山梨県、富山県などに分布。尾ビレのつけ根に黒いシミがあり、そのシミが伸びたように側面に黒っぽい帯になるタイプのものには、ほかに *L. pleskei*（ロシア沿海州）があり、これらを含めて分類の再検討が必要。

◀ 体側に黒い帯が入るのが特徴

フクドジョウ
ドジョウ科 フクドジョウ属
Barbatula oreas

【分布】北海道。移植により宮城県、福島県、山形県など。国外では、朝鮮半島、ロシア沿海州、サハリン。

【生態】川の瀬の石礫底にすみ、礫のすき間に潜む。水生昆虫食。産卵期は4〜7月。浅瀬の礫底に産卵。卵は強い粘着性を示す。体のしなやかさがドジョウ属やシマドジョウ属ほどにはなく、にょろにょろと泳ぐ感じがあまりしない。

【その他】涼しいところにすむが、慣れるとある程度の高温にも耐え、飼いやすい。分類の再検討（大陸産との種の異同）が必要。

◀ 渓流域ではサクラマスなどと泳ぐ姿も観察される

73

ギギの仲間

川にすむナマズ

背ビレと尾ビレの間に、肉質のアブラビレがある。ナマズ目の中ではアブラビレのあるほうが多数派である。多くは川の中〜上流部の、比較的水のきれいなところにすむ。チャネルキャットフィッシュは池沼や下流域の止水域や流れのゆるやかなところにすむ。

アカザ科・ギギ科・アメリカナマズ科

アカザ　*Liobagrus reinii*
アカザ科　アカザ属
全長10cm

- 胸ビレと背ビレに毒を持つ
- アブラビレは前後に長い
- 口は横に広い。頭は上下に押しつぶしたよう
- 体は赤みを帯びる
- 尾ビレの先は丸い

成魚（8.4cm）

- 体全体をくねらせて泳ぐ

成魚 背面（5.2cm）

稚魚（2.0cm）

ギバチ　*Tachysurus tokiensis*
ギギ科　ギバチ属
全長12〜25cm

- 胸ビレと背ビレに毒を持つ
- 尾ビレは丸みを帯びる
- 鼻先は丸い
- 浅く切れ込む

婚姻色（10.2cm）

- 体の後ろのほうをくねらせて泳ぐ

未成魚 背面（8.3cm）

稚魚（3.5cm）

アリアケギバチ
ギギ科　ギバチ属
Tachysurus aurantiacus

【分布】 九州西部。日本固有。
【生態】 中流域の瀬にすみ、礫のすき間や岸ぎわにあるヨシの根のすき間などに潜む。夜行性。水生昆虫など小動物食。産卵期は6〜8月。石の下に産卵し、雄は卵と仔魚を守る。
【その他】 胸ビレと背ビレにトゲがあり、毒を持っているので不用意につかむと刺される。食用として利用される。煮つけやかば焼きなどにすると美味。飼育は容易だが互いにかみ合うので、かくれ場をたくさん用意する。近縁種ギバチ *T. tokiensis* とは、背ビレのトゲが長いことで見分ける。

その他の仲間

胸ビレと背ビレに毒を持つ
尾ビレは丸みを帯びる
ギバチとの識別は難しい
成魚（23.5cm）

ギギ　*Tachysurus nudiceps*
ギギ科　ギバチ属
全長30cm

胸ビレと背ビレに毒を持つ
深く切れ込む
鼻先はとがる
成魚（17.3cm）

体の後ろのほうをくねらせて泳ぐ
成魚 背面（18.0cm）

稚魚（2.5cm）

チャネルキャットフィッシュ　*Ictalurus punctatus*
アメリカナマズ科　アメリカナマズ属
全長100cm

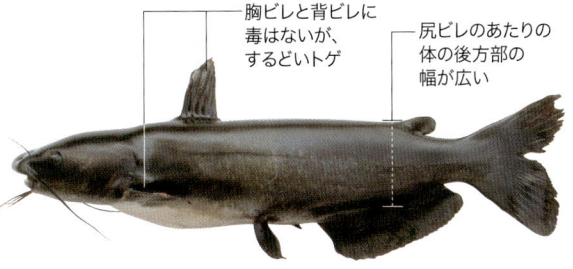

胸ビレと背ビレに毒はないが、するどいトゲ
尻ビレのあたりの体の後方部の幅が広い
成魚（58.0cm）

若いときには斑点がある
未成魚（12.8cm）

稚魚（2.5cm）

ギギの仲間

アカザ科・ギギ科・アメリカナマズ科

① 夜間、餌を探して泳ぎ回る。写真は熊野川水系産
② 体色には変異が見られる
③ アカザの顔。目はとても小さい

アカザ　アカザ科　アカザ属　*Liobagrus reinii*

【分布】宮城県と秋田県以南の本州、四国、九州。
【生態】水のきれいな中〜上流のよどみにすみ、礫のすき間に潜む。礫のまわりをぬうように泳ぐ。夜行性。水生昆虫などの小動物食。産卵期は5〜6月。瀬の石の下に産卵し、雄は卵を保護する。卵はゼリー質につつまれる。晩秋に川底に深くもぐって越冬する。
【その他】胸ビレと背ビレにトゲがあり、毒を持っているので不用意につかむと刺される。手のひらにのせる程度では刺されることはない。改修など川の環境の人為的改変により減少している。水がきれいで礫の多い川にすむため、川の健全さの指標となりうる。高水温に弱く、長期飼育は難しい。

① 主に夜間に活動する。写真は千葉産
② 口ヒゲは8本
③ 全長4cmほどの稚魚

ギバチ　ギギ科　ギバチ属　*Tachysurus tokiensis*

【分布】神奈川県と富山県以東の本州。日本固有。
【生態】中流域のよどみにすみ、礫のすき間や岸ぎわの岩の割れ目などに潜む。ため池にいることもある。夜行性。水生昆虫など小動物食。産卵期は6〜8月。石の下に産卵する。
【その他】胸ビレと背ビレにトゲがあり、毒を持っているので不用意につかむと刺される。分布は広いが多くの生息地で減少している。食用として利用される。煮つけやかば焼きなどにするとおいしい。飼育は容易だが、互いにかみ合うので、かくれ場をたくさん用意する。近縁種アリアケギバチ *T. aurantiacus* が九州に分布。

76

▲ 移入により、かつて生息していなかった地域から見つかることが多い

ギギ　ギギ科 ギバチ属　*Tachysurus nudiceps*

【分布】 琵琶湖以西の本州、四国の吉野川、福岡県瀬戸内側。移入により阿賀野川など。日本固有。
【生態】 琵琶湖岸や河川中～下流域のヨシ帯や岩の割れ目などに潜む。夜行性。小動物食。産卵期は7月ごろ。岩のすき間などに雄が巣をかまえ、雌をみちびいて産卵させ、雄は卵と仔魚を守る。
【その他】 胸ビレと背ビレにトゲがあり、毒を持っているので不用意につかむと刺される。食用として重要。ただし減少著しいので、最近では市場でほとんど見かけない。ムギツクに托卵されるが、逆にギギの仔魚がムギツクの卵を喰うこともある。飼育は容易だが、互いにかみ合うので注意。

▲ 霞ヶ浦では優占魚種の一つとなっている

チャネルキャットフィッシュ　アメリカナマズ科 アメリカナマズ属　*Ictalurus punctatus*

【分布】 北米原産。移植により霞ヶ浦など。
【生態】 浅い沼、河川下流域の流れのゆるやかな場所にすむ。小動物から魚類まで、さまざまな動物を喰う。産卵期は4～7月。水底にくぼみ（産卵床）を作り産卵し、雄は卵と仔魚を守る。
【その他】 特定外来生物で駆除の対象。漁業対象種への食害、とくに定置網の中で他の漁獲物を喰いつくすため、漁業被害が著しい。毒はないが背ビレと胸ビレに鋭いトゲがあるので注意。食用として利用価値はあるが、駆除の障害になりかねないので、産業化には慎重に。米国では重要な養殖対象魚で、フィッシュバーガーなどの原料とされる。

ナマズ科

ナマズの仲間

ナマズについて先入観はありませんか？

背ビレは小さく、アブラビレもない。このかたちはナマズ目全体から見るとめずらしい。背中の盛り上がりがあまりなく一直線に近く、とくに体の後半がスマート。鯰絵（地震とナマズの浮世絵）のようにずんぐりしていない。にごった水にすむことから、池に多いと思われがちだが、ため池にはめったにいない。

ナマズ *Shilurus asotus*

ナマズ科 ナマズ属
全長60cm

受け口で横に広い
背ビレに強いトゲはない
ヒゲは4本
胸ビレにはトゲがあるが毒はない

成魚（25.5cm）

稚魚（5.8cm）　　稚魚 背面（4.3cm）

▲ 育つとヒゲが4本になる　　▲ 稚魚のヒゲは6本（下アゴに4本）

78

ナマズの仲間

ナマズ
ナマズ科 ナマズ属
Silurus asotus

【分布】本州、四国、九州。東日本へはおそらく移入。国外では朝鮮半島、中国大陸。
【生態】浅い沼、農業水路、河川下流域のワンドなどにすむ。ため池には少ない。夜行性で動物食。増水時や田植え直後に、一時的にできる浅い水たまりや水田に侵入し、夜間に産卵する。仔稚魚は小動物を貪食して急速に成長し、1年で体長30cm程度になり成熟する。稚魚期には下あごに4本、口角に2本の計6本のヒゲを持つが、成長につれ下あごの2本が消失して計4本となる。
【その他】食用として重要。煮付けやかば焼きなど。皮の粘液が生ぐさいので、調理前にふきとる。

◀ 夜行性で、日没後に餌を求めて泳ぎ回る

その他の仲間 琵琶湖周辺に固有のナマズたち

ビワコオオナマズ
ナマズ科 ナマズ属
Silurus biwaensis

【分布】琵琶湖－淀川水系特産。
【生態】琵琶湖湖底にすむ。魚食性。7月ごろ、梅雨期末期の増水時に湖岸の礫底で産卵する。
【その他】食用としての価値は低い。尾ビレの背中側が腹側よりも長く伸びる、体全体にはがねのようなにぶい光沢がある、頭が大きく、口の横幅が広く頭を上から見ると四角張って見える、などによりナマズやイワトコナマズと見分けることができる。頭と口が大きいのは、大きな獲物をひとのみにするための適応であろう。

◀ 最大で1.3mほどになる。在来の淡水魚では最大級

イワトコナマズ
ナマズ科 ナマズ属
Silurus lithophilus

【分布】琵琶湖と余呉湖特産。
【生態】琵琶湖北部と余呉湖の岩礁部にすむ。動物食。6～7月ごろ、梅雨期の増水時に北湖岸の礫底で産卵する。
【その他】味がよいので食用としての価値が高い。目がとび出ている、体色が濃いこげ茶色、背中～側面ににぶい金箔の破片をちりばめた蒔絵のような斑紋がある、体の後半部（尻ビレのあるあたり）が上下に幅広い、などにより他のナマズ類と見分けることができる。中部地方から近縁種タニガワナマズ *Silurus tomodai* が記載された。

◀ イワトコとは「岩床」を指し、岩礁に多い

キュウリウオの仲間

キュウリのようなにおいのする魚

サケ科に近い仲間。体の中央近くに背ビレと腹ビレがあり、背ビレの後方に、傘の骨のような鰭条のないアブラビレを持つなど、外観もサケ科に似ている。北半球の冷たい海の沿岸部や淡水の湖にすみ、プランクトンを食べる種類が多いが、アユだけは川の流れの中で藻類を食べて育つように進化した。

キュウリウオ科

アユ *Plecoglossus altivelis altivelis*

キュウリウオ科　アユ属
全長10〜25cm

ウロコは細かい

未成魚（17.0cm）

産卵期は全身が黒っぽくなる（サビアユという）

♂ 成魚 婚姻色（21.5cm）

背ビレが体の前のほうにつく

稚魚（6.0cm）

仔魚（3.5cm）

ワカサギ *Hypomesus nipponensis*

キュウリウオ科　ワカサギ属
全長14cm

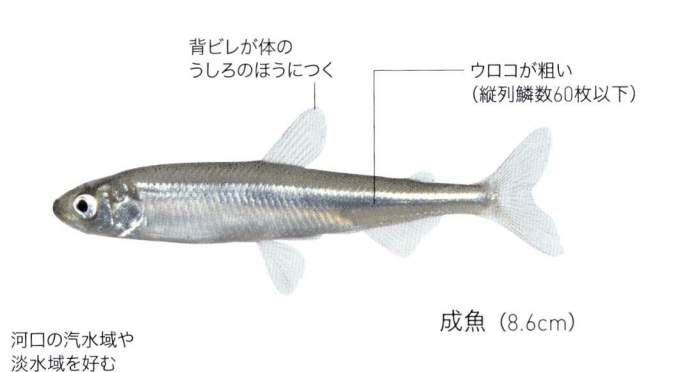

背ビレが体のうしろのほうにつく

ウロコが粗い（縦列鱗数60枚以下）

成魚（8.6cm）

河口の汽水域や淡水域を好む

80

キュウリウオの仲間

アユ
キュウリウオ科 アユ属
Plecoglossus altivelis altivelis

【分布】日本海側では北海道南部、太平洋側では青森県以南、屋久島以北。国外では朝鮮半島東南岸、台湾（絶滅後再導入）、中国南部沿岸地方。
【生態】秋季にふ化した仔魚はいったん海に流下し、翌春に川をさかのぼり、中流域でなめらかな石の表面の藻類を食べて育つ。その際、広さ約 1m^2 のなわばりを作る。秋季に下流域の小礫底で産卵する。琵琶湖には、湖内でプランクトンを喰い、小さいまま成熟するコアユとよばれる集団がいる。
【その他】奄美大島と沖縄本島（再導入）の集団は別亜種リュウキュウアユ（*P. a. ryukyuensis*）。釣りや漁業の対象として最重要種の一つ。

◀ 1年で生涯を閉じるため「年魚」ともよばれる

ワカサギ
キュウリウオ科 ワカサギ属
Hypomesus nipponensis

【分布】宍道湖、霞ヶ浦以北の北日本。移植により各地のダム湖やため池など。
【生態】冷涼な湖沼に適応。春季に繁殖し、ふ化後汽水域に下り、翌春遡上して水草などに産卵する。1年で成熟し、2年以上生きる個体は稀。海との連絡のない水域では容易に陸封する。プランクトン食。
【その他】おいしい。氷結した湖沼で網を引く氷下漁などにより漁獲され、鮮魚や甘露煮などで出荷される。遊漁も人気があり、氷に穴を開けて釣る穴釣りや、氷結しない場所や季節には、ボートから、または陸上からの釣りも盛ん。オオクチバスの侵入により激減したところが多い。

◀ 産卵のために湖から川をさかのぼる群れ

✱ アユ釣り

なわばりを持つアユの攻撃性を利用した「友釣り」は世界的にも例を見ない独特の釣法である。極細の釣り糸につないだおとりアユにかけバリをつけ、なわばりアユをかける。なわばりアユがかかるのは、逃げようとするおとりアユと、攻撃のあと反転しようとするなわばりアユとの引き合う力による。その際、ハリスを固定する逆バリが支点となる。

友釣りでアユをたくさん釣るコツの一つは、石の表面がみがかれたようにきれいになった場所をねらうことである。なわばりアユが摂餌する石の表面は、ラン藻が優占し黒っぽい褐色に見えることが多い。このように、アユはケイ藻を食べるとされていたが、最近の研究でラン藻が主食であることがわかった。友釣りのほかに、毛バリ釣りや素ガケも行われる。

サケ科

サケ・マスの仲間 ①

釣りの対象として人気の「渓流魚」

キュウリウオ科と同様に、体の中央近くに背びれと腹びれがあり、背ビレ後方アブラビレを持つ。泳ぎは力強く急流をさかのぼることができる。冷水性。いわゆる「渓流魚」とはこの仲間の一生河川で生活するもののこと。多くは昆虫や魚類などを食べる肉食魚。

ヤマメ *Oncorhynchus masou masou*

サケ科 サケ属
全長20〜30cm

- 淡色の地肌に黒色の小点
- 背ビレの先のほうに斑紋はない
- 朱色の斑点はない
- 体はやや平たい

成魚（18.3cm）

未成魚（10.7cm）

稚魚（5.2cm）

アマゴ *Oncorhynchus masou ishikawae*

サケ科 サケ属
全長20〜30cm

- 褐色の地肌に黒色の斑点
- 背ビレの先のほうに斑紋はない
- 朱色の斑点がある
- 体はやや平たい

成魚（19.8cm）

未成魚（7.6cm）

稚魚（3.2cm）

その他の仲間

ブラウントラウト
サケ科 タイセイヨウサケ属
Salmo trutta

【分布】要注意外来生物。移植により各地。ただし北海道などかぎられた場所でのみ定着している。原産地はヨーロッパ。
【生態】ニジマスよりも低温を好むといわれる。湖沼や河川の岩や流木の陰に潜む。水生昆虫や小魚などの動物食。産卵期は秋。
【その他】ルアー釣りの対象として人気がある。おいしい。

ヤマメやアマゴより大きい黒斑と朱点

未成魚（14.8cm）

イワナ類　*Salvelinus leucomaenis* ssp.
サケ科 イワナ属
全長20〜60cm

ニジマス　*Oncorhynchus mykiss*
サケ科 サケ属
全長40〜100cm

体が筒状
濃色（緑〜褐色）の地肌に、淡色（白〜オレンジ色）の斑点
成魚（18.7cm）

体は肉厚
背ビレの先のほうまで黒点がある
多数の黒い斑点
尾ビレにも黒い斑点がある
成魚（33.5cm）

未成魚（13.4cm）

未成魚（15.1cm）

地肌が黄色味を帯びる
稚魚（3.8cm）

稚魚（4.1cm）

83

サケ・マスの仲間 ①

サケ科

① 体側には7〜10個ほどのパーマークがならぶ
② ヤマメの顔
③ ヤマメ（手前）と、降海したサクラマス（奥）

ヤマメ　サケ科 サケ属　*Oncorhynchus masou masou*

【分布】北海道、本州（瀬戸内海流入河川と近畿・東海地方太平洋岸を除く）、九州（瀬戸内海流入河川を除く）。国外では朝鮮半島、沿海州など北西太平洋沿岸とその流入河川。
【生態】冷水性。河川の中〜上流域の中層を泳ぎ、夏〜秋には水面に落ちる陸生昆虫を、それ以外の時期には流れてくる水生昆虫を食べる。産卵期は秋。降海する個体（とくに雌に多い）がいて、その割合は北にいくほど高い。降海した個体（サクラマスとよぶ）は春、サクラの咲くころに遡上し、産卵期まで河川の中流域ですごす。
【その他】後出のイワナ類、次のアマゴとともに、渓流釣りのおもな対象。各地で放流されている。塩焼きなどにして非常に美味。

① 朱点が美しいアマゴ
② 釣りでも人気が高い
③ 降海した大型のサツキマス

アマゴ　サケ科 サケ属　*Oncorhynchus masou ishikawae*

【分布】瀬戸内海流入河川と四国・近畿・東海地方太平洋岸河川。
【生態】ヤマメとほぼ同じ。分布域が南にかたよっているので、降海する個体（サツキマスと呼ぶ）の割合は低い。サツキマスは春、サツキの咲くころに遡上するのでこの名がある。
【その他】渓流釣りの対象。食味はヤマメと同じ。体側に朱点があり美しいので、西日本ではヤマメより人気がある。そのため、ヤマメ分布域にも放流され、交雑によりヤマメやサクラマスへの遺伝子汚染が起きている。その結果、サクラマスの小型化や降海率の低下など産業面でも弊害が出ている。

イワナ類　サケ科 イワナ属　*Salvelinus leucomaenis* ssp.

【分布】北海道と本州の渓流。国外ではサハリン、沿海州など北西太平洋沿岸とその流入河川。
【生態】冷水性。本州南部では河川最上流域に、北日本では下流にもすむ。おもに底層付近を泳ぎ、水生昆虫などを食べる。産卵期は秋。富山県および茨城県以北では降海する個体がいて、アメマスとよぶ。

① いくつものタイプが知られる。写真はニッコウイワナ
② 木曽で撮影したヤマトイワナ
③ 全長7cmほどの未成魚

【その他】北から南西にエゾイワナ（*S. l. leucomaenis*）、ニッコウイワナ（*S. l. pluvius*）、ヤマトイワナ（*S. l. japonicus*）、ゴギ（*S. l. imbrius*）に分けられるが、その区分はあいまいで、ここでは一括して扱う。各地で放流されているため、その区分がいっそうあいまいになっている。淵頭にいる優位な個体以外はヤマメほどおいしくない。

ニジマス　サケ科 サケ属　*Oncorhynchus mykiss*

【分布】産業管理外来種。放流により各所。ただし自然繁殖して定着しているところは少ない。自然分布域はカムチャツカおよびカリフォルニア以北の北太平洋とその流入河川。
【生態】冷水性。湖沼や流れのゆるい河川にすみ、小動物を食べる。大型魚は魚食性を示す。急流への抵抗性が弱く、北海道以外ではほ

① 外来種であるが、北海道などではすっかり定着
② 背面全体に黒点が散在する
③ 全長5cmほどの稚魚

とんど定着していない。産卵期は春だが、養殖品種は秋に成熟する。
【その他】野生化した大型個体と、海中養殖したものは比較的美味だが、それ以外は他のサケ科に劣る。養殖がとくに容易で、マスの養殖といえば本種の養殖をさすことが多い。

サケ科

サケ・マスの仲間 ②

海や湖にすみ渓流魚とは一味ちがう

サケやヒメマスなどには、一生を産卵場所である川ですごす河川残留型がいない。つまり、渓流魚ではないということ。いずれも、若いうちは体が銀白色で、見た目も渓流魚とは異なる。ヒメマスは湖を海のかわりにしているが、多くは広大な海を回遊しつつ、プランクトン、小魚、イカなどを喰って大きく育つ。

サケ　*Oncorhynchus keta*
サケ科　サケ属
全長80cm

秋～冬に
河川に遡上する

♂ 成魚 婚姻色（69.5cm）

未成魚 海産個体（77.0cm）

▲ サケの稚魚

ヒメマス　*Oncorhynchus nerka*
サケ科　サケ属
全長17〜30cm

♂ 成魚 婚姻色（31.5cm）

黒点は少ない。
強い銀白色

深い湖にすむ

未成魚（24.3cm）

▲ ヒメマスの稚魚

サケ・マスの仲間 ②

サケ
サケ科 サケ属
Oncorhynchus keta

【分布】福岡県遠賀川と利根川以北の北日本、およびその沿岸。国外では北太平洋に広く分布。
【生態】稚魚は春先に、ふ化後産卵床を離れてから小動物を食べて育ちつつ、1〜2ヶ月以内に川の中流〜下流から海へ下る。降海後、夏をオホーツク海で、冬をベーリング海からアラスカ沿岸までの太平洋ですごす。このサイクルを2〜4回繰り返し、秋から冬に、生まれた河川に遡上して産卵する。
【その他】水産重要種。資源維持のため採卵・ふ化・放流が広く行われている。河川において採捕目的以外での採捕は禁じられているが、資源調査の一環として釣りのできる河川がある。

◀ サケのペア（上が雄で、下が雌）

ヒメマス
サケ科 サケ属
Oncorhynchus nerka

【分布】日本では北海道阿寒湖、チミケップ湖と択捉島。移植により支笏湖など北日本各地の湖沼。国外では千島列島とカリフォルニア以北の北太平洋とその沿岸の河川。
【生態】冷水性。途中に湖のある河川と海とを行き来するベニザケが、湖とその流入河川に陸封されたもの。湖中でプランクトンを食べて2〜4年間育ち、秋に流入河川にさかのぼり産卵する。
【その他】冬季の穴釣り、ルアーやフライなど、遊漁の対象として人気がある。塩焼きや刺身などとして非常に美味。近縁種にクニマス（*O. kawamurae*）が知られている。

◀ 湖から遡上するヒメマス

✳ クニマス (*Oncorhynchus kawamurae*)

秋田県田沢湖からのみ知られていたクニマスは、近くを流れる玉川の酸性水の導入により絶滅した。それに先立ち、山梨県西湖などに移植放流されたが、定着したという記録がなかった。2011年に西湖で再発見され、話題になった。本種はヒメマスに比べて目が大きく、婚姻色に赤みがなく、体側の黒色斑点がないか少ないという点で識別される。産卵期は2月で、深い湖底で産卵する。カナダの湖沼には、クニマスによく似た「ブラック・コカニー」という、ヒメマスの変種または近縁種がいるが、クニマスとは別個に進化したものである。

▲ クニマスが再発見された西湖

ドンコの仲間

海にいる似た名前の魚とは別物

俗に「ドンコ」とよばれる海の魚（エゾイソアイナメ）はタラの仲間で、アナゴはウナギの仲間。標準和名の「ドンコ」と「カワアナゴ」はハゼに近い仲間。外見もハゼに似ている。ただし腹ビレは吸盤になっていない。以前はまとめてカワアナゴ科とされていたが、現在はドンコ科とカワアナゴ科に分けられている。

ドンコ科・カワアナゴ科

ドンコ *Odontobutis obscura*

ドンコ科 ドンコ属
全長15cm

2本のななめのくら状斑

成魚（12.6cm）

体の前半が太い

2本のななめのくら状斑

成魚 背面（14.1cm）

カワアナゴ *Eleotris oxycephala*

カワアナゴ科 カワアナゴ属
全長25cm

胸ビレのつけ根に2個のぼんやりしたシミ

白っぽい小斑点がならぶ

体はずん胴

成魚（17.0cm）

ドンコの仲間

ドンコ
ドンコ科 ドンコ属
Odontobutis obscura

【分布】富山県、愛知県以西の本州、四国、九州。移入により関東地方など。
【生態】中流の淵、ワンド、農業水路などにすむ。夜行性。動物食。産卵期は5～7月。雄は石の下に巣をかまえ、メスを産卵させ、卵を守る。ふ化仔魚はそのまま底生生活に入る。ムギツクに托卵されることがある。
【その他】山陰地方西部のものは近縁種イシドンコ *O. hikimius*。まとまって獲れないので食用にされることはあまりないが、とてもおいしい。外傷に強く病気にも強いので飼育は容易。屋内水槽で繁殖もする。しかし、生きた餌しか喰わないので注意。

◀ 肉食性で貪欲になんでも食べる

カワアナゴ
カワアナゴ科 カワアナゴ属
Eleotris oxycephala

【分布】福井県、茨城県以南の本州、四国、九州、種子島、屋久島。国外では韓国済州島、中国南部沿岸部。
【生態】下流～河口にすむ。護岸の消波ブロックや流木などの下に潜む。夜行性。動物食。産卵期は夏ごろ。産卵生態は知られていない。
【その他】よく似ていて、分布域がかぶるものにチチブモドキ *E. acanthopoma*、オカメハゼ *E. melanosoma*、テンジクカワアナゴ *E. fusca* がある。エラぶたの下の白っぽい斑点があるかどうかでこれらと見分ける。おいしい。ドンコと同様に飼育可能。

◀ 大きなものでは20cmを超える

✴ ハゼ型の底生魚を大まかに見分ける

ドンコの仲間、ヨシノボリなどハゼの仲間、カジカの仲間はいずれも2つの背ビレを持ち、平らな腹を底につけて生活する、一見似たようなかたちをしている。これらを見分けるには、ウロコのあるなしと、腹ビレが吸盤になっているかどうかに注目する。

▲ ドンコの腹ビレ　　▲ ヨシノボリ類の腹ビレ　　▲ カジカの腹ビレ

ハゼ科

ヨシノボリの仲間

1種と思われていたが調べてみると…

少し前まで、ヨシノボリ属はゴクラクハゼとヨシノボリの2種と考えられていた。1960年にカワヨシノボリが新種としてヨシノボリから分けられ、以後「ヨシノボリ」からつぎつぎに新種や未記載種などが見つかった。いまでは、○○ヨシノボリといわないと、「ヨシノボリ」だけではなんだかわからない状況である。

ゴクラクハゼ *Rhinogobius similis*

ハゼ科 ヨシノボリ属
全長8cm

- 体が太短い
- 体側にルリ色の斑点
- ほほにえんじ色のサバ状斑とルリ色の斑点

♂ 成魚（10.4cm）　♀ 成魚（9.6cm）

オオヨシノボリ *Rhinogobius fluviatilis*

ハゼ科 ヨシノボリ属
全長10cm

- ひし形の斑紋
- 尾のつけ根に長い小判のかたちの暗色の斑紋

♂ 成魚（7.9cm）　♀ 成魚（8.4cm）

シマヨシノボリ *Rhinogobius nagoyae*

ハゼ科 ヨシノボリ属
全長7cm

- 2～3本のえんじ色の帯
- ほほにえんじ色のミミズ状斑紋
- 腹が青光りする
- カイゼルヒゲのかたちをした暗色の斑紋

♂ 成魚（8.3cm）　♀ 成魚（7.9cm）

オウミヨシノボリ *Rhinogobius* sp.OM

ハゼ科 ヨシノボリ属
全長7cm

オレンジ色を帯びる

ほほにえんじ色の小斑点

♂成魚（6.8cm）　♀成魚（5.4cm）

ルリヨシノボリ *Rhinogobius mizunoi*

ハゼ科 ヨシノボリ属
全長10cm

ほほと体側にルリ色の斑点

ハの字形の斑紋

♂成魚（8.7cm）　♀成魚（8.2cm）

クロヨシノボリ *Rhinogobius brunneus*

ハゼ科 ヨシノボリ属
全長8cm

1本の帯

暗色のスジ

エラぶたの上のほうにえんじ色の縞が2〜3本

スジの先がY字に

♂成魚（7.4cm）　♀成魚（6.1cm）

カワヨシノボリ *Rhinogobius flumineus*

ハゼ科 ヨシノボリ属
全長6cm

胸ビレの条は18本以下（他のヨシノボリ類は19本以上）

カスリ模様

ほほにえんじ色の小点

1本のえんじ色の帯

♂成魚（5.7cm）　♀成魚（5.6cm）

91

ヨシノボリの仲間

ハゼ科

ゴクラクハゼ
ハゼ科 ヨシノボリ属
Rhinogobius similis

【分布】秋田県と茨城県以南〜南西諸島。国外では朝鮮半島南部、台湾。

【生態】ヨシノボリ属としては最も海に近いところ（下流〜河口）に多い。動物食にかたよった雑食性。産卵期は7〜10月。砂に埋まった石の下に産卵し、雄は卵を守る。ふ化仔魚は流されて沿岸でプランクトンを食べて育ち、稚魚期に河口へ入る。

【その他】ハゼ科魚類またはヨシノボリ属の起源が海にあるとすると、最も祖先的な生活をする種。汽水域でも親にまで育ち、海との縁を断ち切らなくても生活環を完結する。

◀ 汽水域から上流域まで広く分布する

オオヨシノボリ
ハゼ科 ヨシノボリ属
Rhinogobius fluviatilis

【分布】本州、四国、九州。

【生態】上〜中流域の早瀬（流れが速く白泡がたつ瀬）にすむ。石の間で、強い流れをさけるようにいることが多い。雑食性。5〜7月に、石の下に産卵し、雄は卵を守る。ふ化仔魚は流されて沿岸でプランクトンを食べて育ち、稚魚期に川をさかのぼる。ダム湖に陸封されることがある。

【その他】かつては黒色大型とよばれていた。ヨシノボリ類の中では最も大きくなる。体が平たく横から見ると細長い印象。つくだ煮などで、他のヨシノボリ類といっしょに食用になる。じょうぶで飼いやすいが、大きくなるので他の魚との相性に注意。

◀ 胸ビレの基部に黒く目立つ斑紋がある

シマヨシノボリ
ハゼ科 ヨシノボリ属
Rhinogobius nagoyae

【分布】北海道をのぞく全国。国外では朝鮮半島南部。

【生態】中〜小規模河川の下流域にすむ。大きな平野部を流れ、下流域が長い河川（淀川や利根川など）には少ない。平瀬（流れがゆるやかで白波のたたない瀬）に多い。雑食性。5〜7月に、砂に埋まった石の下に産卵し、雄は卵を守る。ふ化仔魚は流されて沿岸でプランクトンを食べて育ち、稚魚期に川をさかのぼる。

【その他】かつて横斑型とよばれていた。他のヨシノボリ類とまとめて食用にされる。つくだ煮など。じょうぶで飼いやすい。

◀ ほほにミミズ状の赤い斑紋がある

オウミヨシノボリ
ハゼ科 ヨシノボリ属
Rhinogobius sp.OM

【分布】琵琶湖水系。移入により芦ノ湖、本栖湖。
【生態】琵琶湖流入河川の中〜下流域の平瀬（流れがゆるやかで白波のたたない瀬）に多い。雑食性。5〜7月に、砂に埋まった石の下に産卵し、雄は卵を守る。ふ化仔魚は流されて琵琶湖内でプランクトンを食べて育ち、稚魚期に川をさかのぼる。琵琶湖水系では、本種が流入河川に、ビワヨシノボリが湖内にと、すみわけている。
【その他】かつて橙色型とよばれていたもののうち、琵琶湖流入河川にすみ、尾ビレの根元にあるオレンジ色の斑点がよく目立つタイプ。琵琶湖の「ごりのつくだ煮」の主原料の一つ。じょうぶで飼いやすい。

◀ 琵琶湖流入河川で採集した雄

ルリヨシノボリ
ハゼ科 ヨシノボリ属
Rhinogobius mizunoi

【分布】北海道積丹半島以南の日本海、東シナ海側と、房総半島以南の太平洋側。
【生態】オオヨシノボリに似る。ただし、オオヨシノボリよりも小さな河川に多い。その理由は、上〜中流域により短い距離で到達できるため。川をさかのぼる能力がオオヨシノボリほどではないのであろう。オオヨシノボリと同様に、ダム湖に陸封されることがある。
【その他】かつてはルリ型とよばれていた。つくだ煮などで、他のヨシノボリ類といっしょに食用になる。じょうぶで飼いやすいが、オオヨシノボリと同様、他との相性に注意。

◀ ほほにルリ色の斑点が入る

クロヨシノボリ
ハゼ科 ヨシノボリ属
Rhinogobius brunneus

【分布】秋田県男鹿半島と千葉県房総半島以南の本州、四国、九州、南西諸島。
【生態】小河川の上〜中流の淵にすむ。小河川にすむのは、海から中〜上流域まで短距離で到達できるため。この傾向は北にいくほど強くなり、源流まで1kmもないような極小河川を好むようになる。食性と繁殖生態はオオヨシノボリに似る。ため池を海のかわりにしてその流入河川にすむ陸封型が知られている。陸封型は小型化する。
【その他】かつて黒色型とよばれていた。じょうぶで飼いやすい。

◀ 全体に黒みが強いことから、この名がある

ヨシノボリの仲間

ハゼ科

カワヨシノボリ
ハゼ科 ヨシノボリ属
Rhinogobius flumineus

【分布】富山県と静岡県以西の本州、四国、九州北部。
【生態】上～中流にふつうに見られる。雑食性。産卵期は5～8月。雄は砂になかば埋もれた石の下に巣をかまえ、雌に産卵させる。卵が大きく卵黄も多いので、体がしっかりした稚魚になってふ化する。ふ化後、すぐに川の中で底生生活を始める。
【その他】胸ビレの条数が少ないことが他のヨシノボリ類と見分けるポイントとなる。これは本種の稚魚が流されないように、胸ビレを小さく進化させたことと関係がある。たくさん獲れてじょうぶで飼いやすく、淡水魚飼育の入門に向く。

◀ 地域による変異が知られる。写真は筑後川産

その他の仲間

第1背ビレにははっきりした黒色がつかない
カスリ模様
成魚（5.8cm）

シマヒレヨシノボリ
ハゼ科 ヨシノボリ属
Rhinogobius tyoni

【分布】本州西部と四国（詳細は不明）。
【生態】河川または池沼の陸封型。ため池や沼、平野部下流域のワンド、農業水路などにすむ。雑食性。夏に、砂に埋まった石の下に産卵。ふ化仔魚はワンド、ため池などの止水域で浮遊生活をおくり、その後、底生生活にうつる。
【その他】かつて橙色型とよばれていたもののうち、小型で雌雄ともに尾ビレにカスリ模様のあるタイプ。よく似たものに、クロダハゼ *R. kurodai*、トウカイヨシノボリ *R. telma*、カズサヨシノボリ *R. sp.KZ* などがある。数が多く獲りやすく、じょうぶで飼いやすい。淡水魚飼育の入門に向く。

第1背ビレにはっきりした黒色がつかないか、あっても1列
第2背ビレが長く伸びる
カスリ模様
胸ビレが長い
成魚（4.1cm）

ビワヨシノボリ
ハゼ科 ヨシノボリ属
Rhinogobius biwaensis

【分布】琵琶湖水系。
【生態】琵琶湖内にすむ。流入河川にはほとんどさかのぼらない。湖内では半浮遊生活をおくる。プランクトン食。夏に、湖岸の砂に埋まった石の下に産卵し、雄は卵を守る。琵琶湖水系では、オウミヨシノボリが流入河川に、本種が湖内にと、すみわけている。
【その他】かつて橙色型とよばれていたもののうち、琵琶湖内にすみ、尾ビレの根元にあるオレンジ色の斑点がなく、胸ビレが大きくなるタイプ。琵琶湖の「ごりのつくだ煮」の主原料の一つ。じょうぶで飼いやすい。また小型でおとなしいので、他との相性もよい。

卵を守るカワヨシノボリ
西日本では、初夏に平瀬（流れがゆるやかで白泡のたたない瀬）の石をめくると、
裏側にカワヨシノボリの卵が産みつけられているのを見かける。
雄は石をめくった瞬間に逃げてしまうので、目にすることはあまりない。
卵は長い米つぶのような形をしていて、
片方にある糸のようなもので石にくっついている。
卵の膜は透きとおっていて、仔魚が育つところが見える

チチブ・マハゼの仲間

ダボハゼとハゼ

「ダボハゼのような」とは欲ばりとか食いしんぼうをさげすんでよぶときの言葉。ヌマチチブやチチブはダボハゼの代表とされる。しかしマハゼだって、餌があればすぐに喰いつく。喰いついた餌をはなさないので釣りバリがなくても釣れるほど。だからハゼ釣りは、だれでも楽しめる大衆的な釣りだ。

チチブ *Tridentiger obscurus*
ハゼ科 チチブ属
全長10cm

- 細かいルリ色の斑点
- 雄の第1背ビレのトゲは長く伸びる
- 鼻先は丸みを帯びる
- 体は黒っぽいえんじ色

♂成魚（9.7cm）

未成魚（3.1cm）

ヌマチチブ *Tridentiger brevispinis*
ハゼ科 チチブ属
全長10cm

- まばらなルリ色の斑点
- 胸ビレ基部の前にえんじ色のサバ状斑紋
- 体は黒っぽいえんじ色
- 鼻先は丸みを帯びる
- 不明瞭な縞

♂成魚（11.1cm）

- 第1背ビレを横切る2〜3列のえんじ色の帯

未成魚（3.9cm）

マハゼ *Acanthogobius flavimanus*
ハゼ科 マハゼ属
全長13〜20cm

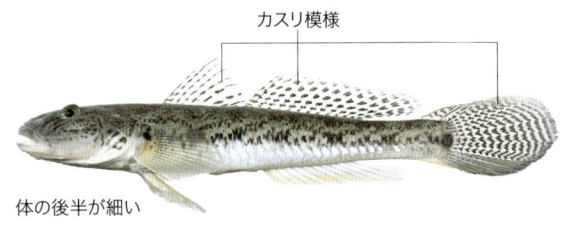

- カスリ模様
- 体の後半が細い

成魚（19.0cm）

▲ マハゼ 頭部背面

ウロハゼ *Glossogobius olivaceus*
ハゼ科 ウロハゼ属
全長20cm

- カスリ模様
- 体全体が太い

成魚（13.9cm）

- 黒い小斑点が散らばる

▲ ウロハゼ 頭部背面

チチブ・マハゼの仲間

チチブ　ハゼ科　チチブ属　*Tridentiger obscurus*

【分布】北海道南部、本州、四国、九州。国外では朝鮮半島に分布。
【生態】河口域〜内湾にすむ。ヌマチチブよりも塩分濃度の高い場所に多く、純淡水域に入ることはあまりない。石やゴミなど障害物のまわりを好む。雑食性。繁殖生態は次のヌマチチブに似る。
【その他】ハゼ（マハゼ）釣りの外道としてかかる。俗にいう「ダボハゼ」の多くは本種。木の枝を沈めて集まる魚を獲る「柴づけ漁」などで漁獲され、つくだ煮などに利用される。ヌマチチブとともに、飼育は簡単だが、気があらいので、他の魚との相性は悪い。ヌマチチブとの間で種の壁をやぶって交雑し、遺伝子を交換した歴史がある。

ヌマチチブ　ハゼ科　チチブ属　*Tridentiger brevispinis*

【分布】北海道、本州、四国、九州。移入により琵琶湖や各地のダム湖やため池など。国外では朝鮮半島、千島列島、サハリン。
【生態】川と海の水が混じりあう汽水域の上流側〜純淡水域に多い。チチブよりも上流で塩分濃度が低い所にすむ。雑食性。春〜夏に石の下や空き缶の中などに雄が巣をかまえ、雌を産卵させて、卵を守る。ふ化仔魚は海に流されてしばらく育ったのち、底生生活にうつり、川をさかのぼる。湖や池などを海のかわりに、容易に陸封される。
【その他】オオクチバスが全国に拡散した1980年代後半から、各地に広がりはじめた。

マハゼ　ハゼ科　マハゼ属　*Acanthogobius flavimanus*

【分布】北海道南部、本州、四国、九州。国外では朝鮮半島南部と中国中〜南部。
【生態】内湾と干潟域の砂泥底にすみ、河口〜下流の汽水域に入ってくる。ゴカイ類を主食とする。春先に雄がトンネル状の巣を掘り、雌を産卵させ、卵を守る。ふ化仔魚はしばらく浮遊生活をおくり、その後、底生生活にうつる。秋口に10cm程度にまで育つ。
【その他】いわゆる「ハゼ釣り」の対象。秋がそのシーズン。簡単な仕掛けでだれにでも釣れるので人気がある。天ぷらにするととてもおいしい。宮城県では、焼いてから干し、正月に雑煮の具にする。

ウロハゼ　ハゼ科　ウロハゼ属　*Glossogobius olivaceus*

【分布】新潟県と茨城県以南の本州、四国、九州。国外では中国南部と台湾。
【生態】河口〜下流の汽水域にすむ。砂泥底にある石やゴミのまわりを好む。水門周辺にも多い。ゴカイ類などの動物食。産卵期は夏。石やゴミのすき間などに産卵し、雄は卵を守る。
【その他】マハゼほどにたくさん獲れないので食用にされることはあまりないが、おいしい。食べかたはマハゼと同様。ハゼ釣りでときどきかかる。

ハゼ科

ウキゴリの仲間

ゆらゆらと浮いて泳ぐ

ハゼ科魚類はたいてい、ふだんは腹を底につけてじっとしている底生魚である。しかし、ウキゴリと、次のジュズカケハゼの仲間の多くは、ゆらゆらと中層を泳ぐことがよくある。このような生態的な下地があったので、琵琶湖の沖合にすむイサザのような種が進化することができた。

ウキゴリ　*Gymnogobius urotaenia*

ハゼ科　ウキゴリ属
全長13cm

- 第1背ビレの後縁に黒斑
- 尾のつけ根は太い
- 口の大きさは中ぐらい

♂ 成魚（14.4cm）

スミウキゴリ　*Gymnogobius petschiliensis*

ハゼ科　ウキゴリ属
全長9cm

- 第1背ビレの後縁に黒斑なし
- 尾のつけ根は太い
- 口が小さい

♂ 成魚（9.4cm）

シマウキゴリ　*Gymnogobius opperiens*

ハゼ科　ウキゴリ属
全長9cm

- 第1背ビレの後縁にうすい黒斑
- 尾のつけ根は細い
- 口が大きい
- 胸ビレのつけ根に白い斑点がならぶ
- ハの字形の斑紋

♂ 成魚（9.5cm）

イサザ　*Gymnogobius isaza*

ハゼ科　ウキゴリ属
全長5〜8cm

- 第1背ビレの後縁に黒斑
- 尾にかけて体がすぼまる
- 黄色

成魚（7.5cm）

ウキゴリの仲間

ウキゴリ　ハゼ科　ウキゴリ属　*Gymnogobius urotaenia*
【分布】南西諸島をのぞく全国の沿岸部と琵琶湖などの湖沼。国外では朝鮮半島、中国沿岸部、サハリン。
【生態】下流域のワンド、ため池、湖沼の沿岸域にすむ。体が柔らかくウキブクロが大きく軽いので、中層をゆらゆらと泳ぐことがよくある。小動物食。4～6月に、石やゴミなどの下面に産卵する。卵はブドウの房状にぶらさがる。雄は卵を守る。ふ化仔魚は海や湖でしばらく浮遊生活をしたあと、川をさかのぼる。
【その他】よく中層にいることからこの名がある。稚魚は、ヨシノボリ類やチチブ類などといっしょに漁獲され、つくだ煮などに利用される。

スミウキゴリ　ハゼ科　ウキゴリ属　*Gymnogobius petschiliensis*
【分布】北海道南部から屋久島にかけて分布する。分布域はウキゴリよりもやや南にかたよる。
【生態】下流の淡水域～海と川の水が混じりあう汽水域にすむ。内陸の湖沼からは知られていない。食性と繁殖生態はウキゴリに似る。本種はウキゴリやシマウキゴリよりも小さな卵を産む。より下流にすむ本種の、ふ化仔魚が海にまで流される距離が短いことと、関係があると考えられている。
【その他】ウキゴリと同様に、つくだ煮などに利用される。小物釣りにかかることがあるが、たいていハリを飲み込んでいる。

シマウキゴリ　ハゼ科　ウキゴリ属　*Gymnogobius opperiens*
【分布】島根県、茨城県以北の本州と北海道沿岸部。国外では朝鮮半島東部とロシア沿海州。
【生態】中～下流域の平瀬（白波がたたない瀬）の石の間にいることが多い。ウキゴリよりも低温を好むので、すみ場所が上流で、分布域も北にかたよっていて、南日本にはいない。内陸の湖沼からは知られていない。食性、繁殖生態はウキゴリに似る。
【その他】ウキゴリと同様に、つくだ煮などに利用される。ウキゴリ、スミウキゴリとともに、じょうぶで飼いやすい。ハゼ科の中ではおとなしいほうだが、空腹になると他の魚にかみつくことがある。

イサザ　ハゼ科　ウキゴリ属　*Gymnogobius isaza*
【分布】琵琶湖特産。
【生態】北湖の深い沖合にすむ。日中は冷たい湖底にいて、夜間にあたたかい表層近くにまで浮上する。まるで深海魚のような生活である。動物プランクトンやヨコエビなどを喰う。3～4月に、石が転がる浜辺に来て、石の下に産卵し、雄が卵を守る。ふ化仔魚はすぐに沖合に流されて浮遊生活に入る。
【その他】ウキゴリのようなものから、深い沖合の環境に適応して進化した。琵琶湖の水産重要種。資源量が大きく変動する。現在は低い水準にある。中びき網やエリで漁獲される。おいしい。飼育困難。

ジュズカケハゼの仲間／ボウズハゼ

雌のほうが派手／垂直の壁も登る

ジュズカケハゼの仲間は魚類では例外的に、雌のほうが派手な婚姻色をあらわす。これは、雄の掘る1つのトンネルに1匹しか産卵できないことによる、雌間の争いと関係がある。ボウズハゼは腹ビレの吸盤と口の吸着力を使って、低い滝なら、わきのほうを通って登ってしまう。すばしこいのでつかまえにくい。

ジュズカケハゼ *Gymnogobius castaneus*

ハゼ科 ウキゴリ属
全長5cm

淡水または
ほぼ淡水にすむ

♂ 成魚（5.4cm）

雌のほうが派手な色

黄色と黒の縞

♀ 成魚（5.8cm）

ビリンゴ *Gymnogobius breunigii*

ハゼ科 ウキゴリ属
全長5cm

海水の混じる
河口にすむ

ジュズカケハゼより
色がうすく
透きとおった印象

♂ 成魚（5.0cm）

雌のほうが派手な色

黄色い縞はない

♀ 成魚（6.6cm）

ボウズハゼ *Sicyopterus japonicus*

ハゼ科 ボウズハゼ属
全長15cm

雄の背ビレは
長く伸びる

体は寸胴

鼻先は丸く、
口が下面につく

吸盤の力は強い

♂ 成魚（11.6cm）

♀ 成魚（10.0cm）

ジュズカケハゼの仲間／ボウズハゼ

ジュズカケハゼ
ハゼ科　ウキゴリ属
Gymnogobius castaneus

【分布】北海道南部〜兵庫県の日本海側と、青森県〜神奈川県の太平洋側の沿岸部。
【生態】中〜下流域のワンド、潟湖、ため池などの泥底にすむ。小動物食。産卵期は3〜5月。雄が泥底にトンネルを掘り、1匹の雌がその中に産卵。雄は卵を守る。ふ化仔魚は淡水の止水域で浮遊生活をし、海へは行かない。
【その他】最近、複数の種に分けられた。コシノハゼ *G. nakamurae* は秋田県〜新潟県の内陸部に、ムサシノジュズカケハゼ *G.* sp.1 は関東地方内陸部に、ホクリクジュズカケハゼ *G.* sp.2 は福井県〜富山県に分布。飼育は容易。

◀ 婚姻色の発現した雌。写真は千葉県産

ビリンゴ
ハゼ科　ウキゴリ属
Gymnogobius breunigii

【分布】南西諸島をのぞく全国の沿岸部。国外では朝鮮半島とサハリンの南部。
【生態】河口の海と川の水が混じりあう汽水域の泥底にすむ。底生動物食。春先に、雄がトンネルを掘るか、ほかの動物が掘った穴を利用して巣を作り、雌がその中に産卵し、雄は卵を守る。ふ化仔魚はいったん海へ下り、しばらく育ったあと、川をさかのぼる。
【その他】ジュズカケハゼと似ているが、すみ場所がちがう。近縁種のシンジコハゼ *G. taranetzi* は北陸〜山陰の汽水湖に分布する。他のハゼ類といっしょに漁獲され、つくだ煮などに利用される。飼育は容易。

◀ 婚姻色の発現した雌。写真は和歌山県産

ボウズハゼ
ハゼ科　ボウズハゼ属
Sicyopterus japonicus

【分布】宮城県〜屋久島の太平洋側、九州の東シナ海側の沿岸部。国外では台湾に分布する。
【生態】中流域（小河川では源流まで）の瀬の礫底にすむ。礫表面の付着藻類を喰う。アユと同様に、餌を確保するためのなわばりを持つ。ボウズハゼ同士ばかりか、アユとの間でもなわばり争いをする。初夏に、石の下に産卵し、雄は卵を守る。ふ化仔魚は海にまで流され、翌春まで海で育つ。3cmぐらいに育ち、底生生活にうつると川をさかのぼる。腹ビレの吸盤の吸着力が強く、下向きの口の吸着力とあわせて、垂直の壁でも登る。
【その他】鮎の友釣りにかかるので、嫌われている。

◀ 腹ビレの吸着力が強く、滝などもこえることができる

101

カジカの仲間

清流にすむウロコのない底生魚

水のきれいな源流～中流にかけて見られるグループ。種によりすみ場所が少しずつちがっていて、湖にすむものもいる。大きな卵を産み、ふ化仔魚がそのまま川にとどまり成長する「河川型」と、小さな卵を産み、ふ化した仔魚はひ弱で、いったん流されて海や湖で育ってから戻ってくる「回遊型」がいる。

カジカ *Cottus pollux*

カジカ科　カジカ属
全長15cm

- 胸ビレの条数13本程度 胸ビレは硬い
- 2本のくら状斑がななめに走る
- 尾のつけ根は太い
- 赤みを帯びた灰色の地肌
- 腹ビレに斑紋なし

成魚（11.0cm）

アユカケ *Rheopresbe kazika*

カジカ科　カジカ属
全長20cm

- 頭の幅が特に広い 頭でっかち
- 2本のくら状斑がななめに走る
- 尾のつけ根は細い
- 灰色の地肌。赤みはほとんど帯びない
- 腹ビレに斑紋なし

成魚（18.2cm）

ウツセミカジカ *Cottus reinii*

カジカ科　カジカ属
全長12cm

- 胸ビレの条数15本前後 胸ビレはしなやか
- 後方に2本のくら状斑。頭の後ろにもう2本
- 尾のつけ根は細い
- 地肌の赤みはほとんどない
- 腹ビレに斑紋なし

成魚（12.1cm）

カンキョウカジカ *Cottus hangiongensis*

カジカ科　カジカ属
全長15cm

- 体の後半が長く、第2背ビレ基部が前後に広い
- 腹ビレに斑紋がある

成魚（15.8cm）

102

カジカの仲間

カジカ　カジカ科 カジカ属　*Cottus pollux*

【分布】本州、四国西部、九州北部。日本固有。
【生態】上流域にいて、礫の下に潜む。水生昆虫食。産卵期は4〜5月。雄が礫の下に巣をかまえ、雌に産卵させ、卵を守る。河川型で、ふ化仔魚はそのまま川で底生生活に入る。
【その他】ウツセミカジカのような両側回遊型の祖先種に近いと考えられる。進化方向は従来の見解（両側回遊型→河川型）とは逆かもしれない。栃木県などでは専門の釣りがある。とてもおいしいが、小魚なので食べるところが少ないうえに、頭が鉄カブトのように硬い。冷水性で、冷却装置がないと南日本では飼育できない。

アユカケ　カジカ科 カジカ属　*Rheopresbe kazika*

【分布】熊本県（絶滅）と宮崎県以北、青森県と茨城県以南の日本海側と太平洋側の河川。日本固有。
【生態】中流の瀬の礫底にすむ。夜行性。小さいうちは水生昆虫を、大きくなるとアユなどの魚類を喰う。1〜3月に河口に下って産卵。雄は卵を保護する。回遊型で、ふ化後、仔稚魚は沿岸で浮遊生活し、春に川をさかのぼる。
【その他】胸ビレが吸盤になっていないため遡上能力が低く、アユなどが上ることのできる程度の堰があってもさかのぼれない。このため各地で減少した。おいしい。福井県では高級魚。

ウツセミカジカ　カジカ科 カジカ属　*Cottus reinii*

【分布】九州北部〜北海道南部の日本海側、瀬戸内側（中卵型）、本州中部以東の太平洋側（小卵型）、琵琶湖と野尻湖（湖沼型）。
【生態】中〜下流にすむ。湖沼型は湖内にも。食性、産卵期、産卵生態はカジカに似る。回遊型で、ふ化仔魚は流されて川を下り、海または湖で浮遊生活し、初夏に川をさかのぼる。
【その他】卵の大きさが約1.5mmの湖沼型、約2mmの小卵型、約2.5mmの中卵型がいて、種レベルにまで分化している。中卵型分布域の石川県では、ゴリ料理として有名。長良川から小卵型が移植され、遺伝子汚染が懸念される。各地で減少。夏季の飼育困難。

カンキョウカジカ　カジカ科 カジカ属　*Cottus hangiongensis*

【分布】富山県、茨城県以北の沿岸部。国外では朝鮮半島東部とロシア沿海州。
【生態】中〜下流にすむ。産卵期は4〜5月。雄が下流域の礫の下に巣をかまえ、雌に産卵させ、卵を守る。回遊型で、ふ化仔魚は流されて川を下り、海で浮遊生活し、初夏に川をさかのぼる。
【その他】朝鮮半島北部の標本をもとに新種として報告された。学名にある「hangiong」と和名の「カンキョウ」とはその地、咸鏡道（かんきょうどう）からとった。韓国語で正しくは「ハムギョン」だが、日本人にはうまく聞きとれなかったようだ。

タイワンドジョウの仲間

空気呼吸をし、泡巣を作る

ライギョともいう。この仲間は熱帯起源である。熱帯起源で、空気呼吸をし、繁殖のため泡巣を作ることは系統を反映している。キノボリウオ、タウナギ、トゲウナギ、熱帯にいるトゲウオそっくりのインドストムスなど、似ても似つかないものも系統的に近いが、空気呼吸と泡巣という特徴は共通である。

タイワンドジョウ科

カムルチー *Channa argus*

タイワンドジョウ科 タイワンドジョウ属
全長30〜80cm

体はタイワンドジョウとくらべて細長い

成魚（47.4cm）

大きな斑紋が2列にならぶ

未成魚（8.9cm）

タイワンドジョウ *Channa maculata*

タイワンドジョウ科 タイワンドジョウ属
全長30〜80cm

体はカムルチーにくらべて太く短い

成魚（39.0cm）

小さな点が2列にならぶ

タイワンドジョウの仲間

▲ ヘビのような姿からスネークヘッドとよばれる

カムルチー　タイワンドジョウ科 タイワンドジョウ属　*Channa argus*

【分布】要注意外来生物。移植により各地。原産地は中国北部と朝鮮半島。
【生態】農業水路、ため池、浅い湖沼などの流れのない場所にすむ。水草が茂る場所を好む。空気呼吸ができるので、酸素不足になりがちな水温の高い止水域でも生存可能。大型の肉食魚。産卵期は5〜8月。繁殖は、水草の間に粘液を口からふき出して作られる泡巣の中で行われる。雌雄で卵と仔稚魚を守る。稚魚は10cmぐらいになるまで親といっしょにいる。
【その他】ルアー釣りの対象として人気がある。オオクチバスの拡散と反比例するように数を減らした。とてもおいしい。

▲ カムルチーよりも分布はせまく、個体数も少ない

タイワンドジョウ　タイワンドジョウ科 タイワンドジョウ属　*Channa maculata*

【分布】要注意外来生物。移植により近畿地方。原産地は中国南部、ベトナム、台湾など。
【生態】カムルチーとほぼ同じ。
【その他】カムルチーと同様にルアー釣りの対象。とてもおいしいが、見た目がニシキヘビのようなので、日本ではほとんど食用にされない。この仲間は一般に、中国南部から東南アジアでは高級魚。それは、おいしいということのほかに、熱帯の環境で、新鮮な状態を長く保てるということも理由。空気呼吸をするため、生きたまま運びやすい。

メダカの仲間／カダヤシ

小魚の代表

小魚の代名詞としての「メダカ」。コイ科の稚魚までメダカとよばれることがある。しかし、メダカの仲間とコイ科がわかれたのは約2.5億年前で、それはヒトと、最も遠いほ乳類（カモノハシ）が分かれた時代（1.9億年前）よりも昔。メダカとコイ科の関係はそれほど遠い。よく見ると、かたちもかなりちがう。

キタノメダカ　*Oryzias sakaizumii*

メダカ科　メダカ属
全長4cm

- ウロコの一枚一枚に縁取りのような斑紋
- ウロコにシミまたは斑紋がある
- 尻ビレの幅が広い

♂ 成魚（4.0cm）　♀ 成魚（3.5cm）

ミナミメダカ　*Oryzias latipes*

メダカ科　メダカ属
全長4cm

- ウロコの一枚一枚の根元にシミ
- ウロコにシミや斑紋がほとんどない
- 尻ビレの幅が広い

♂ 成魚（2.7cm）　♀ 成魚（3.0cm）

カダヤシ　*Gambusia affinis*

カダヤシ科　カダヤシ属
全長4cm

- 雄の尻ビレが交接器になっている
- 尻ビレの幅が狭く、ちょこんとついている印象

♂ 成魚（2.7cm）　♀ 成魚（3.3cm）

メダカ科・カダヤシ科

メダカの仲間／カダヤシ

キタノメダカ
メダカ科 メダカ属
Oryzias sakaizumii

【分布】兵庫県日本海側〜青森県。日本固有。
【生態】水田、農業水路、ため池などにすむ。プランクトンにかたよった雑食性。水面をただようものを喰うのが得意。産卵期は4〜8月。産卵期後期にはその年生まれが繁殖に参加する。夏に水田にいるものは、稲刈り前の田んぼの干しあげのときに、水路やため池に流れ落ちて越冬する。
【その他】2012年にメダカが2種に分けられ、そのうちの「北日本集団」とよばれていたもの。メダカ類とカダヤシはまぎらわしいが、尻ビレの形で容易に見分けることができる。泳いでいるところを上から見ると、メダカ類は目のうしろに金色のスジが目立つ。

◀ 群れて泳ぐキタノメダカ。写真は富山産

ミナミメダカ
メダカ科 メダカ属
Oryzias latipes

【分布】兵庫県日本海側と岩手県南部以南の本州、四国、九州、南西諸島。日本固有。
【生態】キタノメダカに似る。
【その他】2012年にメダカが2種に分けられ、そのうちの「南日本集団」とよばれていたもの。学名についてはこちらが引き継いだ。観賞用のヒメダカは、おそらくは関東地方のミナミメダカ由来。実験動物として用いられる。キタノメダカとともに、飼育は簡単。屋内水槽でも容易に繁殖する。このことがわざわいして、近年、「自然保護」と称して、本来の分布域とは異なる由来のものの放流が横行している。とくに都市部での遺伝子汚染が深刻。

◀ 排卵後、腹に卵をつけているメス

カダヤシ
カダヤシ科 カダヤシ属
Gambusia affinis

【分布】特定外来生物。北米原産。移植により、北日本を除く各地。
【生態】流れのほとんどない水路、池などにすむ。水質汚濁に強い。動物食。繁殖期は春〜夏。卵胎生。雄が尻ビレを使って交尾し、雌は仔魚を産む。
【その他】都市部や汚濁の進んだ水域では、メダカが絶滅して本種がはびこっているところが多い。蚊の幼虫（ボウフラ）の駆除を目的に移植されたが、ボウフラを喰う肉食性昆虫を好んで喰うため、かえって蚊が増えてしまうことがある。生態系への悪影響が懸念され、放流、飼育、生きた状態での運搬や譲渡が禁止されている。

◀ 特定外来生物。写真は交接器を持つ雄

107

ボラの仲間

ときどき河口に入ってくる海の魚

この仲間は熱帯域に多くの種がいるグループ。なかではボラとメナダが比較的北のほうにまで分布している。ボラは世界中同一種で、全世界の熱帯〜温帯域に分布するとされてきた。しかし近年の研究で、形態では見分けられない数種に分かれていることがわかった。日本には2種いるとされる。

ボラ *Mugil cephalus*

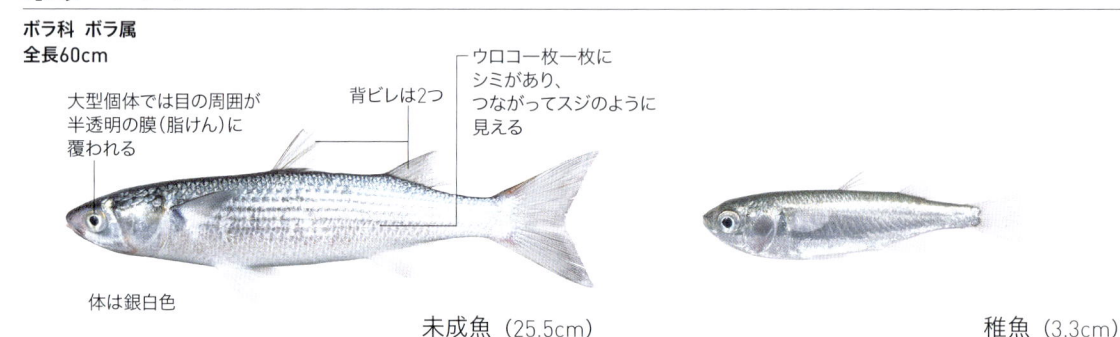

ボラ科 ボラ属
全長60cm

- 大型個体では目の周囲が半透明の膜（脂けん）に覆われる
- 背ビレは2つ
- ウロコ一枚一枚にシミがあり、つながってスジのように見える
- 体は銀白色

未成魚（25.5cm）　　稚魚（3.3cm）

その他の仲間

- 大型個体でも目の周囲は脂けんに覆われない
- ボラより細長い

未成魚（12.3cm）

メナダ
ボラ科 メナダ属
Chelon haematocheilus

【分布】九州以北の内湾と汽水域。国外では朝鮮半島、中国、ロシア沿海州、サハリン沿岸。ボラより北にかたよって分布。
【生態】内湾や河口域でデトリタスを喰って育つ。産卵期は秋といわれる。
【その他】ボラと同様に美味。瀬戸内海ではボラよりも珍重される。

ボラ
ボラ科 ボラ属
Mugil cephalus

【分布】全国の内湾と汽水域。全世界の熱帯〜温帯。
【生態】南日本では4〜5月ごろ、2cmほどの稚魚が河口に大群で来遊し、秋まで河口〜内湾で育ち、冬に沿岸に下りることをくりかえす。50cm以上になる。植物破片とそのまわりの微細藻類や原生動物群（まとめてデトリタスという）を喰う。産卵期は冬。産卵にさきだち南方へ回遊する。
【その他】日本にいる2種は形態では見分けられないので、ヨーロッパ産の種と一括して扱う。河口で未成魚の大群をよく見かける。釣りの対象として以前は人気があった。血と内臓を抜き、腹の内側をよく洗い流せばかなりおいしい。

◀ 出世魚で、写真のサイズは関西で「ハク」とよばれるもの

ボラの稚魚の群れ
春先に河口に大群でのぼってくる。
2〜3cm の小さなものは銀色でキラキラと美しい。
「ハク」とか「オボコ」などとよばれる

トゲウオの仲間

巣を作る魚

ティンバーゲン博士（ノーベル医学生理学賞受賞）による行動の研究で知られる。動物行動学という科学の創造につながった。雄は水草の破片を粘液で固めて、鳥の巣のような巣を作り、複雑な求愛ダンスで雌をよびよせて産卵させる。いずれも冷水性で、冷却装置がないと南日本では飼育できない。

ハリヨ *Gasterosteus aculeatus* subsp.2

トゲウオ科 イトヨ属
全長3〜5cm

- トゲは3本前後
- 背ビレの条は約12本
- 鱗板は不完全（前方に数枚だけ）
- 体の後半に鱗板がない

♂ 成魚（5.7cm）　♀ 成魚（5.8cm）

ニホンイトヨ *Gasterosteus nipponicus*

トゲウオ科 イトヨ属
全長8〜10cm

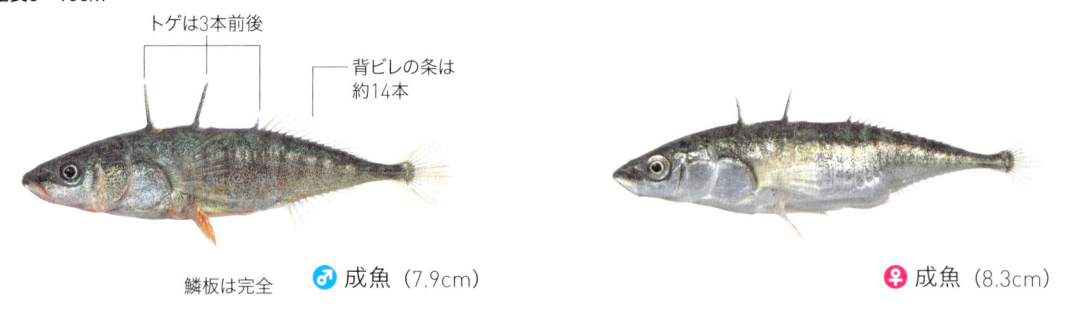

- トゲは3本前後
- 背ビレの条は約14本
- 鱗板は完全

♂ 成魚（7.9cm）　♀ 成魚（8.3cm）

トミヨ属淡水型 *Pungitius sp.1*

トゲウオ科 トミヨ属
全長5cm

- トゲは8〜10本

♂ 成魚（4.6cm） 　♀ 成魚（4.7cm）

110

トゲウオの仲間

ハリヨ
トゲウオ科　イトヨ属
Gasterosteus aculeatus subsp.2

【分布】三重（絶滅後再導入）、岐阜、滋賀の各県。日本固有。

【生態】湧水地の水草が茂る水路などにすむ。小動物食。産卵期は3〜5月。雄は水底に巣を作る。

【その他】北半球に広くいるイトヨ *G. a. aculeatus* のうち、南限のものから進化した。生息地がかぎられ、獲りやすいので、観賞魚用の乱獲や、土木工事のため絶滅が危惧される。福井県、栃木県、福島県などの内陸には、近縁なイトヨ淡水型 *G. a.* subsp.1 がいる（いずれも絶滅危惧種）。滋賀県のものには、このイトヨ淡水型の侵入による遺伝子汚染が進んでいる。

◀ 湧水に依存するため、各地で減少が著しい

ニホンイトヨ
トゲウオ科　イトヨ属
Gasterosteus nipponicus

【分布】長崎県と千葉県以北の沿岸と流入河川。国外では朝鮮半島、ロシア沿海州、サハリン。

【生態】すべて降海型。稚魚や未成魚は汽水域〜沿岸にすむ。小動物食。早春に河川下流域にさかのぼり、春に水底に営巣、産卵する。雄は巣と卵、仔稚魚を守る。稚魚期に川を下る。未成魚期に淡水で生活できない。

【その他】イトヨから分けられ、2014年に新種として報告された。かつてはイトヨ日本海型とよばれていた。イトヨ（降海型）*G. a. aculeatus* は日本では北海道東部のみ。背ビレの条が約12本と少ないことなどで見分ける。

◀ すべて降海型で、淡水型は知られていない

トミヨ属淡水型
トゲウオ科　トミヨ属
Pungitius sp.1

【分布】福井県と青森県以北の本州と北海道。保護対策が必要。

【生態】すべて淡水型。小動物食。産卵期は4〜6月。雄は水草の茎などを支えに、球形の巣を作る。雄は卵と仔魚を守る。

【その他】かつてトミヨとイバラトミヨの2種に分かれていたが、同種であるとわかった。かわりに、北海道東部のトミヨ属汽水型 *P.* sp.2、秋田県と山形県産のトミヨ属雄物型 *P.* sp.3（絶滅寸前）が別種であるとわかった。トミヨ属にはこのほか、エゾトミヨ *P. tymensis*、ムサシトミヨ *P.* sp.4（絶滅寸前）、ミナミトミヨ *P. kaibarae*（絶滅）が知られている。

◀ 近年、分類が大きく変わったグループである

スズキの仲間

海から淡水域に進出

内湾から河口にいるスズキに比較的近い仲間である。もともと海の魚だが、その祖先から分かれて淡水域に進出し、淡水魚として進化した。オオクチバス、コクチバスと、この図鑑では扱わないフロリダバスはまとめてブラックバスとよばれ、いずれも特定外来生物。オオクチバスの最近の学名変更に注意。

オオクチバス *Micropterus nigricans*
サンフィッシュ科　オオクチバス属
全長30〜50cm

背ビレ2つ。前はトゲ

口が大きい。上あごの骨は目のうしろまで

尾ビレのつけ根はコクチバスよりもややせまい

成魚（44.0cm）

未成魚（17.3cm）

未成魚では斑点がスジのよう

稚魚（4.1cm）

コクチバス *Micropterus dolomieu*
サンフィッシュ科　オオクチバス属
全長30〜50cm

背ビレ2つ。前はトゲ

口が小さい。上あごの骨は目の中心ぐらいまで

尾ビレのつけ根はオオクチバスより幅広い

♂ 成魚（27.7cm）

♀ 成魚（38.0cm）

未成魚（13.0cm）

サンフィッシュ科・ケツギョ科

✳ ブラックバスやブルーギルを釣ることは違法？

もちろん合法だ。とくにブルーギルは釣りやすいので、釣りの入門におすすめする。他の魚と同様に、漁協や自治体のルールにしたがえばよい。おいしい魚なので、釣れたら〆て持ち帰り、調理するなどしよう。釣れたブラックバスやブルーギルをその場に再放流すること（キャッチ＆リリース）を禁止しているところがかなりあるので気をつけよう。特定外来生物なので、生きたまま持ち出すのは全国的に禁止だ。

ブルーギル　*Lepomis macrochirus*
サンフィッシュ科　ブルーギル属
全長10〜20cm

- 青みを帯びた灰色
- 背ビレ1つ。前方はトゲ
- エラぶたのうしろは青黒い
- 尾の先は少しくぼむ

♂ 成魚（19.8cm）

♂ 成魚（14.2cm）

未成魚（6.3cm）

オヤニラミ　*Coreoperca kawamebari*
ケツギョ科　オヤニラミ属
全長13cm

- 赤みを帯びる赤茶色の斑点
- 背ビレは1つだが、真ん中でくびれる。前方はトゲ
- エラぶたの後ろが青く光る
- 尾の先は丸い

♂ 成魚（11.0cm）

♀ 成魚（9.2cm）

未成魚（5.1cm）

113

スズキの仲間

サンフィッシュ科・ケツギョ科

オオクチバス
サンフィッシュ科 オオクチバス属
Micropterus nigricans

【分布】特定外来生物。移入により北海道（駆除ずみ）をのぞく各地。北米東部原産。
【生態】湖沼、ため池、ダム湖、河川下流域などにすむ。肉食性。春、水温15〜25℃の時期に、砂礫底の浅場に雄がくぼみを掘り、雌が産卵。雄は卵と仔稚魚を守る。早期生まれの稚魚が、在来魚の仔稚魚への食害と、次世代の形成に大きく貢献する。
【その他】ルアー釣りの対象として人気。移植先では北米西部ですら在来魚への食害が問題に。駆除の対象。琵琶湖では、放流禁止以降に、何者かにより、より大型の亜種フロリダバス *M. salmoides* が大規模に侵入。白身でおいしい。

◀ 在来種を食べつくし、バスがバスを喰う状況も

コクチバス
サンフィッシュ科 オオクチバス属
Micropterus dolomieu

【分布】特定外来生物。移入により各地。北米東部原産。
【生態】ダム湖、河川などにすむ。オオクチバスよりも低水温で流れのある場所を好む。肉食性。産卵期は春、水温13〜20℃の時期。産卵生態はオオクチバスに似る。
【その他】ルアー釣りの対象として、何者かにより1991年に長野県野尻湖に放流された。その後、各地にばらまかれた。駆除の対象。山梨県本栖湖では根絶に成功。流れのあるところにいるので、アユやヤマメなどへの食害が心配されている。白身でおいしい。フライやムニエルなど。

◀ オオクチバスより低水温を好み、流れの速い場所にも生息

ブルーギル
サンフィッシュ科 ブルーギル属
Lepomis macrochirus

【分布】特定外来生物。移入により各地。北米東部原産。
【生態】湖沼、ため池、ダム湖、河川下流域などの流れのない場所にすむ。雑食性。産卵期は6〜7月。多数の雄が浅場に集まり、それぞれがくぼみを作り、雌が産卵。雄は卵と仔稚魚を守る。
【その他】1960年に、ミシシッピ川産の個体が導入された。その後、各地に拡散された。駆除の対象。放流、飼育、生きた状態での運搬や譲渡が禁止されている。白身でおいしい。肉にうまみがあり、オオクチバスよりも美味。内臓に臭みがあるので、取りのぞいてよく洗ってから調理する。

◀「ギル」とはエラを指し、エラの後端が青黒いのが特徴

オヤニラミ
ケツギョ科 オヤニラミ属
Coreoperca kawamebari

【分布】京都府以西の本州、四国東北部、九州北部。移入により神奈川、愛知、岐阜、滋賀、奈良県など。国外では朝鮮半島南部。

【生態】河川中流や農業水路のゆるやかな流れに単独ですむ。水生昆虫など小動物食。産卵期は5月前後。雄はヨシの茎や流木など硬いものの表面を掃除し、雌に産卵させる。

【その他】観賞用に人気がある。乱獲されてかなり減った。同じ理由で分布域外に放流され、定着(その他の総合対策外来種)。京都府、徳島県、香川県などで、天然記念物や希少生物に指定され、捕獲が禁止されている。複数で飼うとつつきあいをする。

◀ エラにある眼状斑から「ヨツメ」ともよばれる

木に産みつけられた卵を守る雄
オヤニラミは雄が卵を保護する習性を持つ。
ムギツクに託卵されることでも知られる

若いアユの群れ

情報編

淡水魚の獲りかた、持って帰りかた、飼いかたなどについて解説しました。
淡水魚を自分でつかまえて飼いたいと思う方へ向けた情報です。
系統樹や特定外来生物についての情報も掲載しました。

採集の基本

ここではタモ網やセルビンなどを使って小魚を獲る方法について解説します。
釣りもよい方法ですが、参考書がたくさん出ているので、そちらをご覧ください。
ハエ（オイカワ）釣りやタナゴ釣りなど小物釣りの本が参考になります。

✳ タモ網

タモ網は木や金属などでできた柄に針金を輪にして固定し、その針金の輪（網のワク）に網をかぶせるように取りつけたかたちをしています。竿を手に持ち、足で網の中に魚を追い込んだりして獲ります。俗にジャコすくいとかガサガサという獲りかたです。

◀ 網を下手にかまえ、足で底をかき回して魚を追い込む

網を川の中で動かしていると、ワクが川底の石などにこすれます。だからヘラブナ釣りで使うような網では、網の本体は無傷なのに、ワクのところで網がすり切れて使いものにならなくなりがちです。ワクに取りつけた網を保護する、金属やビニールの覆いがついていたり、ワクが二重で、内側のワクに網が取りつけられている、魚獲り専用の網を使うことをおすすめします。また、ワクの先が平らになっている網を使うと、底近くをはうように泳いで逃げようとする魚が、ワクの両脇から逃げてしまうことが少なくなります。

◀ 網のワクが二重で、ワクが半円形で先が平らなタイプのタモ網。
　市販のものには1m以上の長さの柄がついているが、
　たいてい長すぎるので、短く切りつめて使う。
　その長さは、鉄棒で懸垂をするときのように柄をにぎったときの両手の幅

タモ網は漁具としては最も小さなもので、大きくてすばしこい魚を獲るには向きません。それでも、稚魚なら簡単に獲れることがあります。稚魚や若魚を獲って、大切に育てるという楽しみかたもあります。

◀ 2本の網ではさみうち

✵ セルビンと網かご

▲ セルビン。その昔セルロイドでできていたのでこの名でよばれる

セルビンと網かごは、タナゴやモロコ類を獲るには効率のよい漁具です。いずれも中にサナギ粉など、においのある餌を入れて魚をおびき寄せようというものです。ただし、都道府県によっては漁業調整規則により禁止または知事許可が必要であったり、場所によっては漁協や自治体により規制が上乗せされていることがありますので、注意しましょう。漁業調整規則は各都道府県のウェブサイトで公開されています。流れのあるところでは、入り口を下流に向けておくと、魚がよく入ってきます。また、最初の一匹が入ると、つづいて入ってくることがよくあります。仕かけておく時間が短すぎると魚が入っていないし、長すぎると魚が出口を覚えて逃げてしまいます。どれぐらいの長さがちょうどよいかは、そのときの天気や水温など、状況次第です。まずは30分～1時間ぐらい置いてみて、獲れぐあいにより調節します。

✵ 末永く楽しむために

インターネットの時代です。めずらしい魚の生息地の情報をブログなどに載せると、すぐに知れわたって、大勢押しかけてきてたちまち獲りつくされるという話を聞いたことがあります。あなたがその押しかけてくる人の一人にならないように、また、安易にそのようなきっかけになる情報を拡散しないように、注意が必要な時代なのかもしれません。淡水魚が豊富な、つまり私たちが魚獲りを楽しめる場所にかぎって、獲りに来る人のマナーの悪さに手を焼いた住民や保護団体が魚獲りを禁止してしまったところがよくあります。自分一人ぐらいのことで、という安易な気持ちが結局、自分の首をしめてしまったのではないでしょうか。淡水魚や魚類の研究者の学会――日本魚類学会では、「モラルある淡水魚採集について」というウェブページで、魚獲りをするときのルールやモラルの問題をうったえています（http://www.fish-isj.jp/iin/nature/moral/）。これはおもに研究者を対象にしたものですが、一般の人たちも耳をかたむける価値があります。

川の中流にある小さな分流。このような場所や、浅い水たまりなどにはウグイやオイカワなどの稚魚が群れていることがある

持ち帰りかたの基本

少なめにゆったりと、欲張らないのが一番のコツです。
とくに魚獲りによく出かける季節——夏には、魚が多量の酸素を必要とするのに水中の酸素は少なく、水が汚れやすく、傷ついた魚を攻撃する細菌の繁殖が盛んです。そういうわけで、酸素不足にならないように、水が汚れてしまわないように、小さめの魚を少数、大きめの容器でゆったりと運びます。逆に、水温の低い冬には多少余裕があります。

情報編

✵ 魚を持ち帰る際に気をつけたい季節による違い

持ち帰る容器としては、バケツ（飛び出さないようにふたをする）、ビニール袋などがよく使われます。小魚を2、3匹、数時間運ぶのであればペットボトルなども利用可能です。運搬が長時間になる場合には、電池式のエアポンプなどで空気を送ると酸素不足を防ぐことができます。ただし、水の汚れを防ぐことはできませんので、安心して詰め込みすぎないように。

▲ 詰め込みすぎると酸素不足になりがち。水も汚れてくる。泡だっているのが汚れている証拠。欲張っては元も子もない

▲ 詰め込みすぎないよう、持ち帰る魚を厳選する。持ち帰る数を考えて少しだけ獲るように。写真は重点対策外来種のタイリクバラタナゴ。野外へ拡散しないよう注意したい

✵ 塩を入れる

水に少量の塩（にがりの入ったタイプにかぎる）を加えるのは有効です。濃度は0.1〜0.2%、なめてみてわずかに塩味を感じるぐらいで十分です。塩の粒が直接魚体にふれないように、よく溶かしてから魚を入れます。水に塩を加えるのは殺菌のため、というのは迷信です。うすい塩水ではほとんどの細菌は死にません。ではなぜ効果があるのでしょう？　淡水魚は塩分のほとんどない淡水中で、体液の塩分を保つためにエネルギーを使っています。塩を入れるとその分、体力に余裕ができます。また、淡水魚はアンモニアの排出と入れちがいに、塩分を取り込む仕組みを持っています。淡水魚をせまい容器で持ち帰るとき、自分の排出したアンモニアが水中に増えます。いずれ、それ以上排出できなくなり、塩分も取り込めなくなります。すると、体から塩分が抜けて弱ってしまうのです。このようなとき水に塩を加えると体から塩分が抜けにくくなると考えられます。

✵ 冷やす

容器や水を冷やすのは効果的です。ただし冷やしすぎないように。夏に氷詰めにしてきんきんに冷やすと、たいていの魚は死にます。氷を少し浮かべて、せいぜい10度ほど下げるぐらいにします。逆に、車のダッシュボードなど、高温になりがちな場所に容器を置くことは禁物です。

✵ 薬を入れる

スレなどの傷口に雑菌が繁殖したり、弱ったせいで病気になったりすることを防ぐためには、観賞魚用または水産用の薬品（外傷に効くもの）も有効です。濃度や使用量など、詳しくはそれぞれの薬品の説明を参考にしましょう。

飼育の基本

基本的なところは熱帯魚や金魚と同じです。
熱帯魚や金魚については飼い方の指南書がたくさん出ていますので参考にしてください。
これらといっしょに飼える種もあります。
ここでは、熱帯魚や金魚の飼い方とはちがう点についてだけ解説します。

✱ 獲ってきた魚を水槽に入れるとき

薄い塩水でゆったりと持ち帰った魚を、あらかじめセットされた水槽へ入れるときには、ほとんど気をつかわなくても大丈夫です。一点だけ気を使うことは、持ち帰ったときの水やゴミを水槽に入れないこと。塩が入っていると水草によくないし、排泄物やはがれた粘液などで汚れているためです。手か網ですくって直接ぽいっと放り込むだけで十分です。ふつうは水温合わせもしません。水温の差が気になる場合は、水槽の水を持ち帰った魚の容器のほうへ入れて1～2分なじませ、魚だけを水槽に入れます。

初めて魚獲りをして、初めて淡水魚を飼ってみようという人は、持ち帰ってからあわてて水槽をセットすることでしょう。あまりおすすめしませんが。このような場合、セットした水槽の水が落ちつくまで、バケツか何かの容器に入れて1～2日待つことになります。その場合、水替えをこまめにしてください。そのタイミングは、容器の水から生ぐさいにおいがするかどうかで判断します。水替えをするときには全部入れかえます。

✱ 沈む餌を活用する

野生の魚は小心者です。獲ってきた魚を水槽に入れた直後は、なかなか水面にまで泳ぎあがってきて餌をとろうとはしません。市販の乾燥餌のほとんどは水面に浮くタイプです（浮上性と表示）。浮上性の餌に慣れるには時間がかかることがあります。また、カマツカやドジョウなど、底にある餌しか食べないものもいます。最近では、沈む餌（沈下性と表示）も何種類か売られるようになりましたので、活用します。

✱ 相性

体のサイズに大きなちがいがなければ、コイ科の遊泳魚同士、底生魚同士をいっしょに飼うことができます。遊泳魚と底生魚をいっしょに飼うと、餌が底に沈む前に遊泳魚が食べてしまい、底生魚がやせます。底生魚にくらべて遊泳魚の数がうんと少ない場合には共存が可能なことがあります。ヨシノボリ類は小魚ですが、他の魚のヒレをかじったりします。モツゴやヒガイ類は、金魚などおとなしい魚の目をつっついて食べてしまうことがあります。ナマズやドンコなど肉食魚を他の小魚といっしょに飼うことは、当然できません。これらを何匹かいっしょに飼うことも簡単ではありません。魚同士のトラブルを防ぐには、水草を植え込んだり石を置いたりして、かくれ場所を作ってやります。水草と、カマツカやドジョウ類などの砂にもぐる種との相性はよくありません。水草がよ

▲ 相性に気をつければ混泳も楽しめる

く根づいていたら、小数なら飼っても大丈夫なことがあります。タナゴ類の産卵床となる二枚貝と、根のはる水草との共存はできません。水草が掘りおこされ、浮きあがってしまいます。

✷ 水替えをすればするほど調子がよくなる

うまくセットされた水槽の水は、何ヶ月も替えないでも大丈夫です。ただ、水替えをするとそれだけ魚の調子はよくなります。水替えをすることで産卵が誘発されることもあります。水を替えることそのものが重要です。面倒なら底の砂を洗ったりゴミをとったりする必要はありません。魚が入ったまま、ホースをサイフォンにして、魚の背中が出るぐらいまで水をぬき、水道水を直接注ぎ、塩素中和剤を入れるだけで十分です。水替えがおっくうにならないように、水道の蛇口と排水溝との間の取り回しを工夫するなど、できるだけ手間をかけずにできるように。

熱帯魚とはちがって、冷たい水でも大丈夫。逆に、マンションなどで、夏に受水槽が西日にあたって水道水がお湯のようになるときには、水替えをひかえます。

✷ 恐ろしい白いにごり

長期間水替えをしなかった水槽の水替えを、底の砂まで洗って徹底的にしたときなどに、直後に水が白くにごってひどくにおうことがあります。こうなると、魚があっという間に全滅してしまいます。急いで水替えをしましょう。白くにごるのは水槽の中の微生物のバランスが悪くなっているためです。一度や二度の水替えでは改善しないかもしれません。水替えをするときに、野外の、魚のいる場所の水を半分〜2/3ぐらい加えると、微生物のバランスがととのえられて、回復が早まります。庭池など、屋外の水槽をお持ちなら、その水を入れても同様です。

✷ やっかいな緑色のにごり

日当たりのよい窓ぎわの水槽などに、植物プランクトンが発生して水が緑色になることがあります。これが原因で魚が死ぬことはほとんどありませんが、せっかくの観賞価値が台なしです。何度か水替えすると透きとおることがあります。しかし、微生物のバランスがその方向へ向いていると、水替えだけでは改善しないかもしれません。水草がよく育っている水槽では水が緑色になりにくいので、水草を植えることをおすすめします。

✷ 水槽環境のバイオコントロール

白いにごりには屋外の水、緑色のにごりの予防には水草、というのは水槽の環境を生物を使って調節している（バイオコントロール）のと同じです。

このほかにも、水槽にやっかいな生物が発生することがあります。野外から水草を採ってきて植えると、知らないうちにモノアラガイやサカマキガイが入り込んで大繁殖し、水草がずたずたに喰い荒らされることがよくあります。人の手でこれらを完全に取ってしまうことはできません。ヒガイ類はこれらの貝が大好きで、貝がらをつつき割って中身を食べます。いずれ完全に喰いつくします。

屋外や、日当たりのよい水槽では、アオミドロのような糸状の藻類が水草を覆うように茂り、水草が枯れてしまうことがよくあります。これも人の手では完全には取りのぞけません。カワバタモロコとカネヒラは、これらの藻類が大好きで、食べつくしてくれます。これらの魚は、餌が十分にあると、藻類を食べることがあっても、水草をほとんど食べません。

▲ 水草を植えた混泳水槽。左側にオオカナダモ、右側にセキショウモが育っている。
オオカナダモは重点対策外来種で、拡散しないよう心がける。
切れはしからもどんどん再生し、ドブのように汚れた水域にも繁茂するので、排水にも注意

掲載した淡水魚の分類（系統樹）

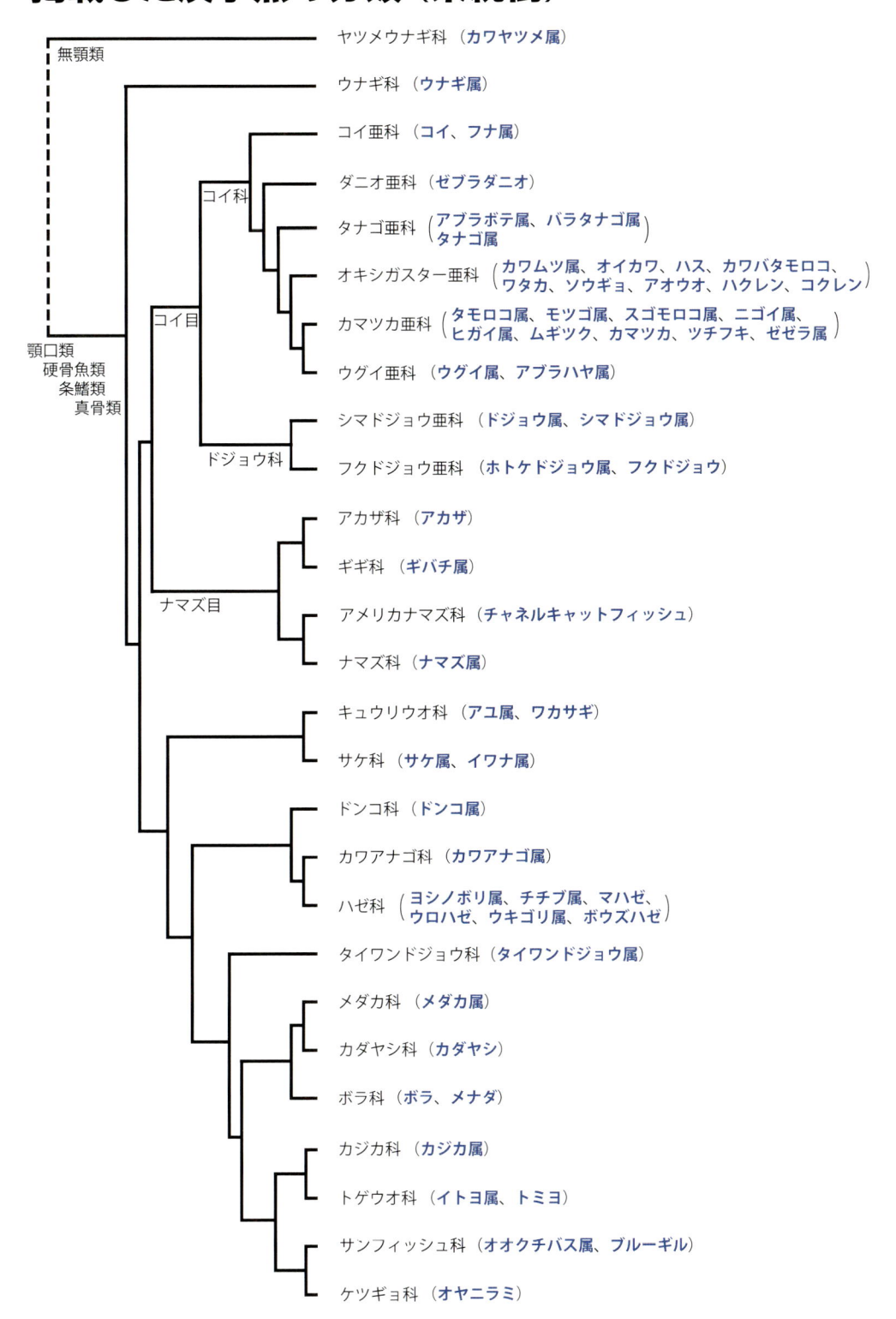

```
無顎類 ┄┄┄┄┄┄┄ ヤツメウナギ科（カワヤツメ属）
          ┌─ ウナギ科（ウナギ属）
          │         ┌─ コイ亜科（コイ、フナ属）
          │    ┌ コイ科 ├─ ダニオ亜科（ゼブラダニオ）
          │    │    ├─ タナゴ亜科（アブラボテ属、バラタナゴ属、タナゴ属）
          │ コイ目 │    ├─ オキシガスター亜科（カワムツ属、オイカワ、ハス、カワバタモロコ、ワタカ、ソウギョ、アオウオ、ハクレン、コクレン）
顎口類    │    │    ├─ カマツカ亜科（タモロコ属、モツゴ属、スゴモロコ属、ニゴイ属、ヒガイ属、ムギツク、カマツカ、ツチフキ、ゼゼラ属）
硬骨魚類 ─┤    │    └─ ウグイ亜科（ウグイ属、アブラハヤ属）
条鰭類    │    └ ドジョウ科 ┌─ シマドジョウ亜科（ドジョウ属、シマドジョウ属）
真骨類    │              └─ フクドジョウ亜科（ホトケドジョウ属、フクドジョウ）
          │         ┌─ アカザ科（アカザ）
          │ ナマズ目 ├─ ギギ科（ギバチ属）
          │         ├─ アメリカナマズ科（チャネルキャットフィッシュ）
          │         └─ ナマズ科（ナマズ属）
          │    ┌─ キュウリウオ科（アユ属、ワカサギ）
          │    └─ サケ科（サケ属、イワナ属）
          │    ┌─ ドンコ科（ドンコ属）
          │    ├─ カワアナゴ科（カワアナゴ属）
          │    └─ ハゼ科（ヨシノボリ属、チチブ属、マハゼ、ウロハゼ、ウキゴリ属、ボウズハゼ）
          │    ┌─ タイワンドジョウ科（タイワンドジョウ属）
          │    ├─ メダカ科（メダカ属）
          │    ├─ カダヤシ科（カダヤシ）
          │    └─ ボラ科（ボラ、メナダ）
          │    ┌─ カジカ科（カジカ属）
          │    ├─ トゲウオ科（イトヨ属、トミヨ）
          │    ├─ サンフィッシュ科（オオクチバス属、ブルーギル）
          └─   └─ ケツギョ科（オヤニラミ）
```

【本書に写真が掲載された魚種の系統類縁関係】
簡略化のために、科の類縁関係を示す。コイ目（コイ科とドジョウ科）については、掲載種が多いので、亜科レベルの類縁関係を示す。それぞれの科または亜科名の右側に、掲載種を示す。複数の種を含む属については、属名を示す。系統樹はBetancur-R et al (2013)（全体）、Nakatani et al (2011)（ナマズ目）、Saitoh et al (2011)（コイ目）の結果を合成したもの。

特定外来生物とその防除

情報編

近年、さまざまな外来生物が野外に拡散して生態系に悪影響を及ぼすようになりました。
有害な外来生物の拡散を防ぎ、その駆除をうながして自然を回復させようと、2004年に
「特定外来生物による生態系等に係る被害の防止に関する法律」が制定されました。いわゆる「外来生物法」です。
この法律にもとづき、オオクチバスなどが「特定外来生物」に指定され、
野外への放流はもちろん、飼育、生きた状態での運搬、譲渡、輸入が原則的に禁止されています。

▲ 多くの水域ではオオクチバスとブルーギルしかいなくなってしまった。

実際にオオクチバスなどを特定外来生物に指定することは難航しました。オオクチバスの食害による悪影響が、近年のさまざまな人為的環境改変による悪影響のなかに埋没してしまった面があったためです。感覚的にはオオクチバスの被害はぬきんでて甚大です。侵入した水域では在来魚が激減し、とくにため池では小魚が一匹残らずいなくなることがふつうです。しかしこれは、食害の間接的な証拠でしかありません。

オオクチバスの胃の中から在来魚がたくさん見つかる、などという説得力のある証拠はないのでしょうか。残念ながら、そのようなデータはほとんど期待できません。なぜでしょうか。オオクチバスの食害により在来の小魚が消えてしまったところでは、胃の中から在来魚は見つかりません。そもそもいないものは喰えないからです。オオクチバスとであいにくい場所にいて、強い食害を受けない魚種も、あまり胃の中から出てきません。激しい食害を胃内容物調査から直接証明するには、オオクチバスが侵入し、食害により在来魚が激減しているまさにそのときに調査しなければなりません。しかし、オオクチバスはひそかに放流されます。気づいたときにはすでに手遅れです。

興味深いデータがあります。あるため池で、オオクチバスの侵入を2週間後にたまたま察知し、調査したところ、7,800匹いた在来の小魚とエビが、すでに2,800匹喰われたあとだった、というものです。このままの勢いで喰われつづけると、あと1ヶ月とちょっとしかもちません。ため池にオオクチバスが侵入すると在来の小魚が消えるのは食害のためで、しかもそれはあっという間のできごとです。

外来生物法により、特定外来生物については、その防除が義務づけられました（努力規定）。「防除」とは、オオクチバスなどでは「駆除」を意味します。その方法はさまざまに工夫されていて、成書も出ています（たとえば、藤本ほか2013『湖沼復元を目指すための外来魚防除・魚類復元マニュアル～伊豆沼・内沼の研究事例から～』宮城県伊豆沼・内沼環境保全財団 発行）。伊豆沼のような周囲とつながっている水域では、完全に駆除することは難しいのですが、ため池など他の水域とつながっていないところでは、干しあげによって完全に駆除することができます。

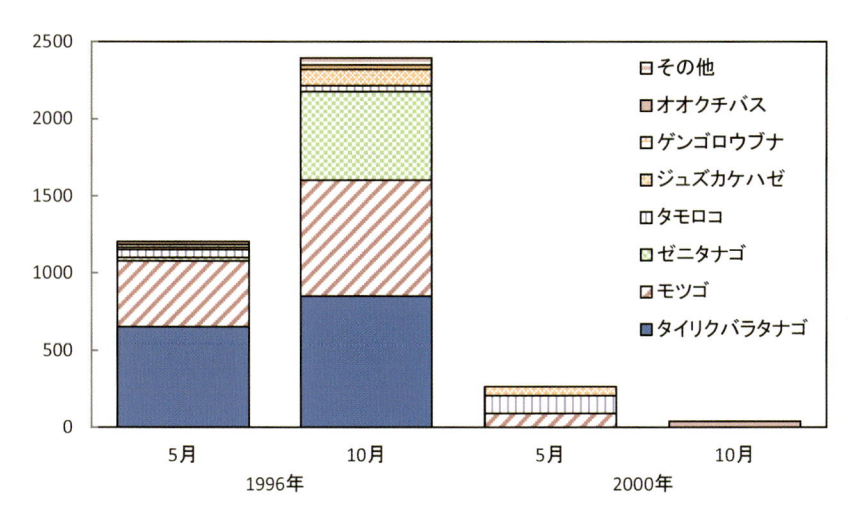

◀ **オオクチバスが侵入すると在来の小魚が消える例**

宮城県伊豆沼の小型定置網1張り1日あたりの漁獲匹数を、オオクチバスが増え始めた1996年とその4年後で比較。1996年10月には2,500匹近くあった漁獲が、2000年10月にはオオクチバス以外ほとんどなくなった。（藤本ほか 2013 より）

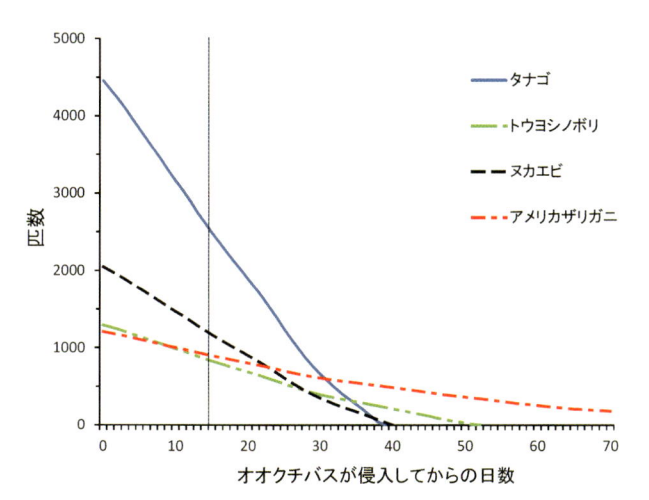

凡例：その他／オオクチバス／ゲンゴロウブナ／ジュズカケハゼ／タモロコ／ゼニタナゴ／モツゴ／タイリクバラタナゴ

◀ **ため池の水生生物に対するオオクチバスによる捕食**

縦の点線はオオクチバスの侵入を察知し駆除した日。その後のグラフの線は捕食による減少の予測。外来種のアメリカザリガニはしぶとく生き残るが、在来生物はいなくなる。（藤本ほか 2013 より）

凡例：タナゴ／トウヨシノボリ／ヌカエビ／アメリカザリガニ

横軸：オオクチバスが侵入してからの日数　縦軸：匹数

▲ ため池の干しあげによるオオクチバスの駆除。この先、オオクチバスが一匹たりとも残らないように、完全に排水する。（藤本ほか 2013 より）

索引

アオウオ ... 44	カンキョウカジカ ... 102、103	トミヨ属淡水型 ... 110、111
アカザ ... 74、76	ギギ ... 75、77	ドンコ ... 88、89
アカヒレタビラ ... 30、32、35	キタノアカヒレタビラ ... 31	ナガレホトケドジョウ ... 68、73
アブラハヤ ... 60、61	キタノメダカ ... 106、107	ナマズ ... 78、79
アブラボテ ... 27、33	ギバチ ... 74、76	ニゴイ ... 50、51
アマゴ ... 82、84	キンブナ ... 23、25	ニシシマドジョウ ... 64、65、69
アユ ... 80、81、116	ギンブナ ... 22、24、25	ニジマス ... 83、85
アユカケ ... 102、103	クロヨシノボリ ... 91、93	ニッポンバラタナゴ ... 36、37
アリアケギバチ ... 75	ゲンゴロウブナ ... 23、24	ニホンイトヨ ... 110、111
アリアケスジシマドジョウ ... 65、67、72	コイ ... 22、24	ニホンウナギ ... 20、21
イサザ ... 98、99	コウライニゴイ ... 50、51	ヌマチチブ ... 96、97
イチモンジタナゴ ... 26、32、36	コウライモロコ ... 47、49	ヌマムツ ... 38、40
イトモロコ ... 47、49	コクチバス ... 112、114	ハクレン ... 44、45
イワトコナマズ ... 79	ゴクラクハゼ ... 90、92	ハス ... 39、41
イワナ類 ... 83、85	コクレン ... 44	ハリヨ ... 110、111
ウキゴリ ... 98、99	サケ ... 86、87	ヒガシシマドジョウ ... 64、65、70
ウグイ ... 58、59	サンヨウコガタスジシマドジョウ ... 65、67、71	ヒメマス ... 86、87
ウツセミカジカ ... 102、103	シマウキゴリ ... 98、99	ビリンゴ ... 100、101
ウロハゼ ... 96、97	シマヒレヨシノボリ ... 94	ビワコオオナマズ ... 79
エゾウグイ ... 58、59	シマヨシノボリ ... 90、92	ビワコガタスジシマドジョウ ... 65、66、71
エゾホトケドジョウ ... 68、73	ジュウサンウグイ ... 58、59	ビワヒガイ ... 52、53
オイカワ ... 39、41	ジュズカケハゼ ... 100、101	ビワヨシノボリ ... 94
オウミヨシノボリ ... 91、93	シロヒレタビラ ... 30、35	フクドジョウ ... 68、73
オオウナギ ... 20、21	スゴモロコ ... 47、49	ブラウントラウト ... 83
オオガタスジシマドジョウ ... 65、66、71	ズナガニゴイ ... 50、51	ブルーギル ... 113、114
オオクチバス ... 112、114	スナヤツメ類 ... 18、19	ボウズハゼ ... 100、101
オオタナゴ ... 29、34	スミウキゴリ ... 98、99	ホトケドジョウ ... 68、72
オオヨシノボリ ... 90、92	ゼゼラ ... 55、57	ボラ ... 108、109
オヤニラミ ... 113、115	セボシタビラ ... 31、35	ホンモロコ ... 46、48
カジカ ... 102、103	ソウギョ ... 44、45	マハゼ ... 96、97
カゼトゲタナゴ ... 26、28、34	タイリクバラタナゴ ... 26、28、33	ミナミアカヒレタビラ ... 31
カダヤシ ... 106、107	タイワンドジョウ ... 104、105	ミナミメダカ ... 106、107
カネヒラ ... 29、34	タカハヤ ... 60、61	ムギツク ... 52、53
カマツカ ... 54、55、56	タナゴ ... 26、32、36	メナダ ... 108
カムルチー ... 104、105	タモロコ ... 46、48	モツゴ ... 46、48
カラドジョウ ... 63、65、69	チチブ ... 96、97	ヤマトシマドジョウ ... 64、65、70
カワアナゴ ... 88、89	チャネルキャットフィッシュ ... 75、77	ヤマメ ... 82、84
カワバタモロコ ... 46、48	チュウガタスジシマドジョウ ... 65、66、70	ヤリタナゴ ... 26、27、33
カワヒガイ ... 52、53	ツチフキ ... 54、56	ヨドゼゼラ ... 55、57
カワムツ ... 38、39、40	デメモロコ ... 47、49	ルリヨシノボリ ... 91、93
カワヤツメ ... 18、19	トウカイコガタスジシマドジョウ ... 65、67、72	ワカサギ ... 80、81
カワヨシノボリ ... 91、94、95	ドジョウ ... 63、65、69	ワタカ ... 42

撮影にご協力いただいた方々（五十音順・敬称略）

浅香智也	北村淳一	西村俊明	山根英征
五十嵐洋祐	紀平 肇	平嶋健太郎	魚津水族館
稲村 修	熊谷正裕	広岡一紀	株式会社ラング
井上信夫	桜井保弘	古瀬文明	GAN CRAFT
岡慎一郎	桜井裕二	前畑政善	キャンプ inn 海山
揖 善継	佐藤拓哉	増田 修	さいたま水族館
金尾滋史	佐藤 透	松岡正富	標津サーモン科学館
加納義彦	鈴木規慈	水越秀宏	千歳サケのふるさと館
川瀬成吾	竹島久統	森 誠一	姫路市立水族館
河村功一	中島 淳	森 文俊	プルーフ
北島淳也	長田芳和	森崎博之	和歌山県立自然博物館

執筆にご協力いただいた方々（五十音順・敬称略）

芦澤 淳、岡崎登志雄、河村功一、瀬能 宏、高橋清孝、陳 義雄、中山耕至、藤本泰文、細谷和海

参考文献

Betancur-R R, Broughton RE, Wiley EO, Carpenter K, Lopez JA, Li C, Holcroft NI, Arcila D, Sanciangco M, Cureton II JC, Zhang F, Buser T, Campbell MA, Ballesteros JA, Roa-Varon A, Willis S, Borden WC, Rowley T, Reneau PC, Hough DJ, Lu G, Grande T, Arratia G, Orti G. 2013. The tree of life and a new classification of bony fishes. PLoS Curr ToL doi:10.1371/currents.tol.53ba26640df0ccaee75bb165c8c26288.

藤本泰文・嶋田哲郎・高橋清孝・斉藤憲治. 2013. 湖沼復元を目指すための外来魚防除・魚類復元マニュアル〜伊豆沼・内沼の研究事例から〜.〔公財〕宮城県伊豆沼・内沼環境保全財団, 栗原.

川那部浩哉・水野信彦・細谷和海〔編・監修〕. 2001. 山渓カラー名鑑 日本の淡水魚. 山と渓谷社, 東京.

中坊徹次〔編〕. 2013. 日本産魚類検索 全種の同定 第3版. 東海大学出版会, 秦野.

Nakatani M, Miya M, Mabuchi K, Saitoh K, Nishida M. 2011. Evolutionary history of Otophysi (Teleostei), a major clade of the modern freshwater fishes: Pangaean origin and Mesozoic radiation. BMC Evol Biol 11:177.

Romer AS, Parsons TS. 1977. The Vertebrate Body, 5th ed. 平光厲司〔訳〕1983: 脊椎動物のからだ ―その比較解剖学―. 法政大学出版局, 東京.

Saitoh K, Sado T, Doosey MH, Bart HLJr, Inoue JG, Nishida M, Mayden RL, Miya M. 2011. Evidence from mitochondrial genomics supports the lower Mesozoic of South Asia as the time and place of basal divergence of cypriniform fishes (Actinopterygii: Ostariophysi). Zool J Linn Soc 161:633-662.

このほか、魚種ごとの主要参考文献については下記のサイトをご覧ください。
http://ksaitoh.ninja-x.jp/references7.txt

The title of this book：Pictorial Field Guide to Japanese Freshwater Fishes
by Kenji SAITOH & Ryu UCHIYAMA

文

斉藤 憲治
（さいとう けんじ）

1956年生まれ。京都大学大学院農学研究科水産学専攻博士課程修了。農学博士。東北区水産研究所資源培養研究室長、中央水産研究所水産遺伝子解析センター主幹研究員などを経て、現在、（一社）水生生物保全協会代表理事。

写真

内山 りゅう
（うちやま りゅう）

1962年東京生まれ。東海大学海洋学部水産学科卒業。"水"に関わる生き物とその環境の撮影をライフワークにしている。主な写真集に『アユ 日本の美しい魚』（平凡社）、『大山椒魚』（ビブロス）、『青の川 奇跡の清流・銚子川』（山と溪谷社）他、主な著書に『水の名前』（平凡社）、『山溪ハンディ図鑑 日本の淡水魚』『田んぼの生き物図鑑』（山と溪谷社）などがある。自然や生き物に関するテレビ番組の企画、出演も多い。
公式HP　http://uchiyamaryu.com/

装幀・アートディレクション────美柑和俊［MIKAN-DESIGN］
本文デザイン────高橋 潤［山と溪谷社］
編集────草柳佳昭［山と溪谷社］・本間二郎

くらべてわかる 淡水魚

2015年 2月20日　初版第1刷発行
2024年 6月 1日　初版第7刷発行

文────斉藤憲治
写真────内山りゅう
発行人────川崎深雪
発行所────株式会社 山と溪谷社
　　　　　　〒101-0051　東京都千代田区神田神保町1丁目105番地
　　　　　　https://www.yamakei.co.jp/
印刷・製本────図書印刷株式会社

●乱丁・落丁、及び内容に関するお問合せ先
　山と溪谷社自動応答サービス　TEL.03-6744-1900
　受付時間／11:00-16:00(土日、祝日を除く)
　メールもご利用ください。
　【乱丁・落丁】service@yamakei.co.jp【内容】info@yamakei.co.jp
●書店・取次様からのご注文先
　山と溪谷社受注センター　TEL.048-458-3455　FAX.048-421-0513
●書店・取次様からのご注文以外のお問合せ先　eigyo@yamakei.co.jp

＊定価はカバーに表示してあります。
＊乱丁・落丁などの不良品は送料小社負担でお取り替えいたします。
＊本書の一部あるいは全部を無断で複写・転写することは著作権者および発行所の権利の侵害となります。
　あらかじめ小社までご連絡ください。

ISBN978-4-635-06346-3
Copyright©2015 Kenji Saitoh, Ryu Uchiyama All rights reserved.
Printed in Japan